2021

重大科学问题、工程技术难题和产业技术问题汇编

中国科学技术协会　主编

中国科学技术出版社

·北 京·

图书在版编目（CIP）数据

2021 重大科学问题、工程技术难题和产业技术问题汇编 / 中国科学技术协会主编. -- 北京：中国科学技术出版社，2023.5

ISBN 978-7-5046-9248-1

Ⅰ. ① 2⋯ Ⅱ. ① 中⋯ Ⅲ. ① 科研课题 – 汇编 – 中国 Ⅳ. ① G322.1

中国版本图书馆 CIP 数据核字（2021）第 204412 号

责任编辑	冯建刚	
封面设计	中文天地	
责任校对	张晓莉	
责任印制	李晓霖	

出　　版	中国科学技术出版社	
发　　行	中国科学技术出版社有限公司发行部	
地　　址	北京市海淀区中关村南大街 16 号	
邮　　编	100081	
发行电话	010-62173865	
传　　真	010-62173081	
网　　址	http://www.cspbooks.com.cn	

开　　本	787mm×1092mm　1/16	
字　　数	155 千字	
印　　张	9.5	
版　　次	2023 年 5 月第 1 版	
印　　次	2023 年 5 月第 1 次印刷	
印　　刷	北京荣泰印刷有限公司	
书　　号	ISBN 978-7-5046-9248-1 / G·929	
定　　价	88.00 元	

2021重大科学问题、工程技术难题和产业技术问题汇编

作 者（按姓氏笔画排序）

于顺利	凡晓波	马 兰	马 杰	王 刚	王 浩	王 静
王 磊	王立祥	王光秋	王伟胜	仇 洁	方向晨	卢善龙
叶 成	刘 民	刘曦庆	李 浩	李玉峰	李国元	杨永江
杨永强	杨树明	杨晓红	余家阔	邹长新	迟洪明	张 伟
张 琨	张丽荣	张铁栋	陈 云	陈 景	陈向飞	陈昆峰
苑世剑	范晓旭	欧阳晨曦		周 顺	周全智	郑 重
赵 宏	赵东元	胡慧建	钟云波	姚兴隆	骆永明	徐楠杰
高立东	郭 清	陶书田	黄学杰	黄普明	曹 俊	曹淑刚
梁光河	彭绍亮	喻风雷	童凤丫	谢在库	管吉松	薛冬峰
薛国强						

专家委员会（按姓氏笔画排序）

马忠华	马建章	王 旭	王 赤	王一然	王克剑	王贻芳
毛光辉	卢耀如	田晓清	史玉波	包为民	朱洪波	刘永才
刘春明	刘树坤	孙正运	孙俊良	李 明	李 骏	李 晶

李玉龙	杨国忠	肖成伟	吴伟仁	吴福元	何友均	邹冰松
张　旭	张　野	张　群	张云洲	张进华	张国伟	张宝晨
张首刚	张爱民	张海林	张锁江	陆大明	陈　阜	陈海生
林诚格	周建平	周晋峰	郑声安	郑海荣	屈建军	赵　强
赵政国	胡盛寿	段留生	洪及鄙	骆　剑	夏　清	高吉喜
高原宁	郭　建	郭剑波	唐世琪	唐新明	黄清华	蒋庄德
韩国瑞	韩春好	廖小军	谭久彬	滕吉文	魏辅文	

秘书组（按姓氏笔画排序）

丁　波	于宏丽	马　晶	王　乐	王　辉	王伯钊	申志铎
刘　健	刘思岩	汤　竑	苏文英	杜卫国	李武峰	杨振荣
吴　蕾	余文科	宋　盟	宋文洋	张　瑜	张利平	张宏亮
张思远	陈　敏	林伯阳	林晓静	岳　鹏	郑伯龙	赵　琦
胡　敏	胡丹蓉	胡兴华	夏　炎	程　媛		

目　录

1 如何突破大尺寸晶体材料的制备理论和技术

中文题目	如何突破大尺寸晶体材料的制备理论和技术
英文题目	How to Break through Crystallization Theory and Critical Technology of Large–Size Crystal Materials
所属类型	前沿科学问题
所属领域	先进材料
所属学科	材料科学
作者信息	薛冬峰　中国科学院深圳先进技术研究院
	陈昆峰　中国科学院深圳先进技术研究院
推荐学会	中国科协先进材料学会联合体
学会秘书	丁　波
中文关键词	功能材料；大尺寸晶体；智能制造；稀土资源
英文关键词	Functional Materials；Large–Size Crystal；Intelligent Manufacturing；Rare Earth Resource
推荐专家	孙俊良　北京大学教授
	洪及鄙　中国金属学会研究员

专家推荐词

晶体材料广泛应用在揭示物理新机制、光电磁器件等方面，缺陷可控的大尺寸、高品质人工晶体材料制备理论和技术的突破，对促进新材料产业与高端装备制造业协同发展具有重要意义，将服务制造业强国建设、材料强国建设等国家重大战略。

问题描述

晶体材料已广泛应用于能源、环境、信息、医疗、军事等领域，在人类社会发展中起着举足轻重的作用。近年来，随着高新技术的飞速发展，大尺寸、高品质晶体材料的制备已成为制约相关行业发展的瓶颈。随着晶体尺寸的增加，晶体的品质和均匀性问题更加突出，直接影响器件的可靠性、耐久性等。

晶体生长过程涉及复杂的物理和化学问题，大尺寸晶体的生长更是涉及不同尺度上的相变、界面变化、缺陷形成与增殖机理。在工业生产层次，亟须根据晶体生长原理和技术建立可靠的结晶工艺，设计可计量的智能化、数字化晶体生长装备，突破国外的技术封锁。

问题背景

我国晶体材料研发的原创性成果尚不成体系，点多面少。美日德已研制成功直径 150mm 的 6H-SiC 单晶，美国 Synoptics 公司商业化的直径 120mm Nd：YAG 激光晶体代表当前激光晶体的国际最高水平。我国 PET/CT 用稀土闪烁晶体材料依然完全依赖进口；10kW 以上固态激光器的 15mm 口径 TGG 磁光器件依赖进口，更大尺寸的磁光晶体遭到禁运。受晶体生长装备的限制，更大尺寸的高品质晶体产品缺乏，晶体成品率低等难题凸显。现在亟须从根本上破解晶体材料研发、器件设计加工和装备制造三者相互孤立的局面，结合多学科原理，促进晶体生长理论的发展和完善，为大尺寸、高品质晶体材料的工业化提供重要指导。

最新进展

稳定的大尺寸材料制备工艺无一不被日本、美国、德国、法国垄断。美国尤尼明公司的石英提纯工艺技术与装备代表世界最高水平，供应直径 300mm 及更大尺寸硅片用大直径坩埚。日本已经实现了纯度 4N、直径 450mm 稀土金属靶材制备，并应用于 14nm 以下集成电路制造。俄罗斯生长的 TGG 磁光晶体的毛坯尺寸达到直径 80mm，晶圆尺寸达到直径 40mm，满足了千瓦级高能激光应用需求。我国初步形成了较为完整的大尺寸结晶材料研发、设计、生产、应用体系，在大尺寸结晶材料与装备协同发展中，取得了部分突出成绩。山东大学已研制成功 380 千克 KDP 晶体以及直径 50mm 和直径 76mm 的 SiC 单晶，晶体微管密度降低到小于 $10/cm^2$。中科院长春光机所研发了直径大于 4000mm 的碳化硅反射镜材料，同时开发了大尺寸制造装备及工艺。中科院上海光机所自主发明并建成了大尺寸激光钕玻璃连续熔炼线，实现大尺寸磷酸盐激光钕玻璃批量生产，打破国外封锁。中科院深圳先进技术研究院在前期工作基础上新研发出基于结晶生长的化学键合理论的大尺寸优质稀土晶体适速生长技术和装备，系列公斤级高质量铝酸盐激光晶体、硅酸盐激光晶体和闪烁晶体尺寸大于直径 60mm、生长速度大于 0.05mm/min。中科院合肥物质科学研究院和安徽科瑞思创公司可生长直径 100mm 的 TGG 晶体。

未来面临的关键难点与挑战：

在基础科学研究领域，研究晶体材料的多尺度结晶生长新理论，准确定量描述成核与生长的动态多尺度过程，系统平衡晶体生长过程中的跨尺度热力学和动力学因素。

突破大尺寸高品质晶体材料的关键制备技术、核心装备及器件的研发技术。将晶体生长装备的过程参数定量化，在数据驱动水平上为材料的实际生长过程、装备适配、器件设计提供核心数据。

创新设计大尺寸晶体生长模具和坩埚，优化大尺寸晶体生长温场结构和生长工艺。

应用原位技术研究晶体生长界面动态变化信息，辅助晶体产业研制缺陷可控的大尺寸、高品质人工晶体材料。明确散射、气泡、云层、色心等缺陷形成机制，探索多尺度缺陷消减工艺。

重要意义

制造业是国民经济的主体，而关键基础材料更是制造业的基础。因此，加强大尺寸晶体材料研发与装备制造协同发展，是建设制造强国的重要途径。在我国面临的"卡脖子"技术中，大半以上是材料和装备问题，国外可以做 $1200mm \times 3000mm$ 的单块 ITO 靶材，国内只能制造宽 $\leq 800mm$ 的靶材，这是因为我国缺少大型烧结炉。乌克兰的掺杂卤化物闪烁晶体已突破 $500mm$，单个晶体的重量达到 $500kg$，而我国的这类晶体尺寸一般都不超过 $300mm$，晶体重量不足 $50kg$。

突破该问题后，会大幅提升我国大尺寸合金、玻璃、陶瓷、光纤、晶体等新材料产业与高端装备制造业的发展水平，形成具有我国自主知识产权的技术与装备，破解我国面临的"卡脖子"技术难题，实现"中国制造2025""2035 材料强国"等国家重大战略的目标。

2 纳米尺度下高效催化反应的作用机制是什么

中文题目 纳米尺度下高效催化反应的作用机制是什么

英文题目 Catalysis at Nanoscale：How Does It Work

所属类型 前沿科学问题

所属领域 数理化基础科学

所属学科 化学

作者信息 方向晨　中国石油化工股份有限公司大连石油化工研究院

　　　　　　谢在库　中国石油化工股份有限公司

　　　　　　赵东元　复旦大学

推荐学会 中国化工学会

学会秘书 张　瑜

中文关键词 纳米催化；限域效应；计算化学；动态原位表征

英文关键词 Nanocatalysis；Confinement Effect；Computational Chemistry；Operando Characterization

推荐专家 张锁江　中国科学院院士

专家推荐词

研究纳米尺度下高效催化反应的作用机制，从分子水平研究、加深对催化反应过程本质的认识，将能从原子、分子层面指导构建原子经济性和节能高效的绿色催化体系，从而发展高效碳减排技术，为"碳达峰""碳中和"做好技术储备。

问题描述

将纳米技术引入催化领域形成的纳米催化技术由于独特、优越的催化性能备受关注。催化的本质是反应分子与催化剂表面的电子转移，而纳米尺度下体系尺寸的限域效应对电子结构的改变对于催化活性具有重要影响。研究纳米催化体系的限域效应将有助于从本质上加深对于催化过程的认识和理解，进而从原子、分子层面指导高效纳米催化体系的构建。

问题背景

过去几十年里，随着科技和工业化的快速发展，环境问题（温室效应和环境污染）愈发严重，直接威胁到了人类的生存和健康，因此，原子经济性和节能高效的绿色催化技术亟待开发。比如，为了实现"碳中和"愿景，氢能耦合 CO_2 制备低碳烯烃、甲烷氧化偶联制备低碳烯烃（OCM）等 CO_2、CH_4 温室气体的高效资源化利用技术具有巨大的碳减排潜力和经济效益，而受限于 CO_2、CH_4 分子的化学惰性，高活性、高选择性的催化剂往往是关键。考虑到催化反应的活性中心尺度多为纳米甚至亚纳米级，需要从分子水平研究催化剂、加深对催化反应过程本质的认识，这将利于催化理论的创新和高效催化剂的设计合成。

最新进展

限域效应是纳米催化的一个重要特点,即当催化体系尺寸下降到一定范围,其电子结构受空间限域而发生改变,进而赋予其特异的催化活性。因此,纳米尺度下高效催化反应的作用机制研究的实质是限域效应对催化反应过程的影响。目前,纳米催化的限域效应研究对象包括纳米尺度催化剂(主要是金属或金属氧化物纳米粒子)、纳米结构催化剂(以分子筛等多孔材料为主)及其两者的复合。

当金属或金属纳米粒子的粒径尺寸或者形貌发生改变时,粒子的表面结构发生改变,出现不同的晶面、台阶和缺陷,导致局域电子结构的差异。对于 Au 纳米催化剂,让人印象深刻的是其极强的尺寸效应。在相同的反应过程中,不同结构的 Au 纳米催化剂(从单个 Au 原子、Au 团簇、Au 纳米粒子到 Au 纳米管结构)呈现出极大的催化活性差异。同样,在 OCM 反应过程中,受益于 La_2O_3 纳米线催化剂较大的比表面积和较多的晶格缺陷,其较强的限域效应有效降低了反应物分子的活化温度(由传统的 $800 \sim 900\,℃$ 降至 $500 \sim 600\,℃$),而且其线状形貌的低温偶联催化活性远远高于其粒状或片状形貌的相应活性,这为目前大家追求的低温高效 OCM 催化剂的设计合成提供了新的研究思路。

对于分子筛等纳米结构催化剂的限域效应研究主要集中于其孔道效应,即纳米孔道与客体分子(反应物分子或负载的纳米粒子)通过范德华相互作用达到改变客体分子的电子结构、分子构型等目的。根据"分子轨道限域理论",分子筛孔道的限域效应能够有效减小反应物分子的 LUMO-HOMO 能级之间的能带隙,使反应物分子易被激发活化。对于甲醇在 HZSM-5 和 SAPO-34 等酸性分子筛上转化制烯烃过程,分子筛孔道的限域效应对碳正离子过渡态具有较强的稳定性作用,进而降低了反应活化能垒。分子筛的孔道除了自身显示出独特的催化性能外，还可以作为"巢体"用于稳定负载至其中的纳米粒子，同时对纳米粒子的催化特性起到调变作用。Cu 基分子筛作为甲烷直接氧化制备甲醇研究中最有潜力的催化剂之一，其活性中心为被分子筛骨架中 Al 酸性位点限域稳定在孔道中的 Cu 纳米团簇。另外，近年来单原子、团簇等亚纳米金属物种由于其独特的催化性能备受关注，选择合适的金属前驱体或者助剂通过原位水热晶化合成的方式可以实现亚纳米金属物种在特定构型孔道的精准定位负载，利用分子筛孔道的限域稳定功能可以解决亚纳米金属物种在高温条件下易烧结、稳定性差的难题。

目前，纳米催化过程中的"限域催化"研究主要通过催化剂物理化学性质表征、催化效果评价及反应过程的理论化学计算等手段的组合来实现。这种研究方法确实大大丰富了人们对于一些纳米催化过程的理论认识，但为了对真实纳米催化反应有一个更准确、更深刻、更全面的理解，该研究方法存在以下两大挑战：①借助现代的表征技术可以获得纳米催化剂的微观结构、形貌、吸附、脱附等物化参数，但大部分表征结果都是非原位的（*ex situ*），考虑到催化反应是一个同时涉及温度、压力和反应物分子等其他因素的动态过程，需要开发真实反应条件下纳米催化剂的"高分辨 – 原位 – 实时（high resolution–in situ–operando）"表征技术和方法；②理论化学计算作为实验方法的重要补充，它从原子、分子水平分析催化活性中心结构，描述反应物、过渡态和产物分子在催化剂表面扩散、吸附和脱附过程及其结构和能量特征，在纳米催化的"限域效应"研究中起着不可或缺的作用。但在目前理论化学计算中，原子数目较多的催化体系的计算受到了计算能力的限制。另外，理论计算模型多数情况是孤立的，即不考虑周围化学环境。所以需要开发计算能力更强、计算结果更准确的理论化学计算软件和更加合理、更加贴近真实反应环境的计算方法。

重要意义

通过对纳米催化过程的限域效应研究能够加深人们对于催化反应本质的认知，进而为高效纳米催化体系的开发及其工业化应用提供坚实的理论支撑。未来催化科学和技术的目标是温和条件下的高效可控转化，纳米催化作为新一代催化技术使人类向该目标迈进了一大步。比如，纳米催化技术被寄希望于实现碳中和技术开发中的"甲烷直接氧化高效制甲醇""CO_2加氢高效制甲酸"等一系列"理想反应"，这具有重要的经济意义和社会意义。

3 农作物基因到表型的环境调控网络是什么

中文题目　农作物基因到表型的环境调控网络是什么

英文题目　What is the Environmental Regulating Network on Gene to Phenotype of Crops

所属类型　前沿科学问题

所属领域　农业科技（含食品）

所属学科　作物学、园艺学、农业资源与环境、植物保护、农业工程

作者信息　陶书田　南京农业大学

推荐学会　中国农学会

学会秘书　马　晶

中文关键词　基因；表型；环境

英文关键词　Gene；Phenotype；Environment

推荐专家　陈　阜　中国农业大学教授

　　　　　王　旭　中国农业科学院农业资源与农业区划研究所
　　　　　　　　　研究员

　　　　　刘春明　北京大学现代农学院院长

　　　　　张爱民　中国科学院大学教授

　　　　　王克剑　中国水稻研究所研究员

专家推荐词

基因与环境共同决定了农作物表型性状，但环境因子对基因到表型的过程调控机制及作用网络尚不够清晰。该研究将提高育种和栽培的"有效性"，推动农作物定向设计育种和精准栽培管理，实现良种良法配套及资源最优配置。

问题描述

"淮南为橘，淮北为枳"，生动说明了环境影响农作物（粮食作物、园艺作物、大田经济作物、杂粮作物、热带作物等植物生产类作物）育种和栽培有效性的重要程度，因此外界环境因子对基因到表型的过程调控机制及其作用网络是一个重大科学问题。通过多学科的合作、多组学的融合分析，研究农作物环境感知与响应、基因表达与调控、性状发生与发育、品质转化与形成等复杂的内外协同过程，有望提高农作物育种效率，实现定向育种与精确栽培。

问题背景

习近平总书记指出，粮食安全是治国理政的头等大事。种业高质量发展及"藏粮于地、藏粮于技"是保障我国粮食安全和重要农产品有效供给的战略需求，是乡村产业转型升级和改善民生的重要途径，也是实施乡村振兴战略的首要任务。环境对作物生长的影响，打破了基因决定性状的铁律，作物的"基因 – 环境 – 表型"相互协同的结果决定了品种的适用性和实用性，以及栽培措施的有效性。因此，在育种及栽培中需要对环境影响重要农艺性状基因表达的规律与模式进行深入研究，并结合表型性状综合分析进行策略调整，以育成适应特定生态环境及栽培条件的优良品种，实现良种良法的配套及资源最优配置。

在此背景下，基因组学、表型组学及环境生物学的融合成为作物育种及栽培理论研究和技术开发的有效途径之一。后基因组时代，农作物表型组学研究也已经成为农业科学研究领域的一个前沿和热点。

最新进展

基因组学和表型组学是生物科学的两个重要分支，处于多组学研究的两端。农作物基因组学研究，尤其是对控制重要农艺性状的基因组成情况分析，以及对调控复杂性状的分子网络的解析，可以提供每个农作物品种全基因组的遗传信息。目前已经实现了对重要农作物，如水稻、小麦、玉米、大豆、油菜、棉花、大宗蔬菜、主要水果等基因组测序或重测序，实现了对控制重要农艺性状关联基因的大规模克隆和鉴定，并指导了部分作物的育种工作。

新兴的植物表型组研究机构正在世界范围内建立，高通量表型可以记录作物农艺性状的时间系列数据以及自上而下的三维植物生长发育模型。这种全面、多维的表型分析允许对基因型和/或环境影响的特定假设在数百或数千种作物中进行测试，然后将其与整个基因组序列变异联系起来。目前的表型平台包括多种成像方法，以获得高通量的无损表型数据，用于复杂性状的定量研究，如生长、抗性、结构、生理、产量、品质以及构成更复杂性状基础的个体定量参数的基本测量。2011 年，Hartmann 等开发了可靠、自动和高通量的表型研究平台，在因果基因和背景变异、性状之间的关系，植物生长行为以及在各种条件下的繁殖等表型组学研究方面有重大发现，解决了提取多参数表型信息以及遗传变异性研究等方面的堵点和难点。

但至今，在基因组和表型组之间还未建立起完整、有效的功能链接，并且作物在生长和繁殖过程中由于外界环境的影响会显现出不同的性状，影响育种和栽培的有效性。比如当相同基因型在不同的环境条件下生长时，作物表现出表型可塑性，其在极端条件下如霜冻、干旱和盐碱化尤为明显。2014 年，Hairmansis 等以水稻品种 IR64 和 Fatmawati 为材料，建立了基于图像的耐盐表型分析方法，结果显示水稻对盐胁迫的响应与对照有显著差异。此外，Dawson 等发现作物前几代所经历的环境因素会对下一代产生很大影响，Gratani 等也发现在快速变化的环境条件下，表型可塑性比遗传多样性可能发挥更重要作用，使植物能够在变化的环境中持续生存。另外一个趋势是，以往表型可塑性的研究一直集中在生物因素上，现在也扩展到了非生物因素，环境综合影响作物生长的规律和机制研究成果也促进了先进栽培技术的研发与应用，比如设施栽培中的温光水气等的调控技术。

在后基因组时代，如何高通量、实时、无损收集基因组、表型组、环境参数等海量数据，如何有效运用多学科手段，如何高效开展多组学、多维度数据关联分析，解析基因型基础上环境影响作物表型形成的路径与调控网络将成为定向育种与精确栽培研究的前沿问题和热点难题。

重要意义

在应对气候变化的大背景下，揭示作物基因作用的分子机制和重要农艺性状形成的环境分子与生理基础，并在获取相关基因信息和表型信息的基础上，关联表型与基因型及其环境条件，有利于构建分子定向设计育种体系，促进培育高产、稳产、优质、高效和环境友好的突破性农作物新品种，并有利于加强精准化栽培管理，有效落实"藏粮于地、藏粮于技"，全面推进乡村振兴。

4 中微子质量和宇宙物质–反物质不对称的起源是什么

中文题目　中微子质量和宇宙物质–反物质不对称的起源是什么

英文题目　What is the Origin of Neutrino Masses and Cosmological
Matter–Antimatter Asymmetry

所属类型　前沿科学问题

所属领域　数理化基础科学

所属学科　物理学

作者信息　曹　俊　中国科学院高能物理研究所

　　　　　李玉峰　中国科学院高能物理研究所

　　　　　周　顺　中国科学院高能物理研究所

推荐学会　中国物理学会

学会秘书　胡兴华

中文关键词　中微子振荡；无中微子双贝塔衰变；超出标准模型的
新物理；宇宙物质–反物质不对称

英文关键词　Neutrino Oscillations；Neutrinoless Double–Beta Decays；
New Physics Beyond the Standard Model；Cosmological
Matter–Antimatter Asymmetry

推荐专家　王贻芳　中国科学院院士
　　　　　　赵政国　中国科学院院士
　　　　　　高原宁　中国科学院院士
　　　　　　邹冰松　中国科学院理论物理研究所副所长
　　　　　　赵　强　中国科学院高能物理研究所研究员

专家推荐词

通过江门中微子实验和其他未来可能的中微子实验，深入研究中微子振荡、中微子天体物理、无中微子双贝塔衰变等问题，将有助于解决基本粒子质量起源、宇宙原初反物质消失和暗物质之谜等重大前沿科学问题，意义深远。

问题描述

中微子是构成物质世界的最小单元之一，它的质量起源机制以及与其他物质的相互作用特性一直都是粒子物理学研究的核心问题。实验证明，中微子有质量，而粒子物理学标准模型却预言中微子质量为零。因此，标准模型是不完备的。中微子质量起源跟宇宙物质 – 反物质不对称问题、暗物质、天体演化等宇宙起源和演化问题密切相关。

问题背景

中微子是构成物质世界的最小单元之一，它的质量起源机制以及与其他物质的相互作用特性一直都是粒子物理学研究的核心问题。三十多年来，关于中微子的研究者已先后四次获得了诺贝尔物理学奖，但依然存在许多重大问题亟待解决。

　　自 1998 年以来，太阳、大气、加速器和反应堆中微子振荡实验证明三种中微子之间可以相互转化，这意味着中微子有质量，而粒子物理学标准模型却预言中微子质量为零。因此，标准模型是不完备的。中微子质量是具有确凿实验证据的新物理现象，是建立更完善的基本粒子物理学理论的重要突破口，也跟宇宙物质－反物质不对称问题、暗物质、天体演化等宇宙起源和演化问题密切相关。

　　中微子质量及其相关问题的实验研究可分为三类：一是，通过中微子振荡测定中微子的质量顺序、精确测量中微子振荡参数和轻子部分 CP 破坏相角；二是，观测无中微子双贝塔衰变以澄清中微子是否是其自身的反粒子；三是，通过贝塔衰变、无中微子双贝塔衰变和宇宙学观测确定中微子质量的绝对大小。理论上，能够自然解释中微子质量极其微小的事实的"跷跷板机制"提供了从低能标窥探高能标新物理的特殊窗口；大的轻子 CP 破坏相角有希望解释宇宙物质－反物质不对称问题；中微子是否是其自身的反粒子是完善基本粒子物理学理论必须首先回答的问题，而冷暗物质粒子可能具有类似的马约拉纳属性。毫无疑问，实验上的重大进展和发现将有助于深入理解中微子质量的产生机制，并为寻找新的基本理论提供关键线索。

　　早在 2014 年，美国能源部和自然科学基金委员会下辖的"粒子物理学项目优化小组"就提出了值得优先投资的科研"五驾马车"：希格斯工厂、中微子实验、暗物质探索、暗能量和宇宙暴涨、新粒子与新相互作用。无独有偶，2018 年欧洲粒子天体物理联合会发布的战略规划报告也将中微子物理与暗物质、多信使天文学同时列为重点发展方向。由此可见，只有将针对中微子质量及相关的重大科学问题在中微子振荡、无中微子双贝塔衰变等研究方向上优先合理布局，才能在与欧洲、美国和日本等发达国家激烈的国际竞争中占有一席之地并最终胜出。

最新进展

2012 年，大亚湾反应堆中微子实验率先发现新的中微子振荡模式，测量到最小的中微子混合角，为中微子基本性质的实验研究指明了前进的方向，即测定中微子质量顺序和发现轻子部分的 CP 破坏现象。

江门中微子实验设施正在建造当中，该实验室将拥有世界上最大和最灵敏的液闪中微子探测器，并得以精确测量反应堆中微子能谱。江门探测器预计 2023 年正式运行取数。它不仅可以确定中微子质量顺序，还能将相关的基本物理学参数的测量精度提高一个数量级，从而为检验三代中微子振荡的完整性以及寻找超出标准模型的新物理现象提供可能。美国 DUNE 实验、日本 HyperK 实验、位于南极的 PINGU 实验和地中海的 ORCA 实验的主要目标之一同样是测定中微子质量顺序，因此江门中微子实验设施的顺利建造和稳定运行将成为赢得这场科学竞赛的关键。

轻子部分的 CP 破坏现象可以通过长基线加速器中微子振荡实验来观测。国际上最具潜力的是美国的 DUNE 实验和日本的 HyperK 实验，它们都计划在 2027 年前后开始运行。

无中微子双贝塔衰变在中微子质量的研究中扮演着不可替代的角色，它是确定中微子是否是其自身反粒子的唯一切实可行的途径。如果实验中发现无中微子双贝塔衰变的信号，那就证明自然界存在轻子数破坏的相互作用且中微子质量具有马约拉纳属性。这表明中微子质量的起源一定与轻子数破坏的新物理相关联，也为粒子物理学标准模型的扩充提供重要依据。

国际上已有很多基于氙 –136、锗 –76、碲 –130 等核素的无中微子双贝塔衰变实验，包括正在运行的 KamLAND–Zen、EXO–200、GERDA、MAJORANA Demonstrator 和 CUORE，以及计划当中的 KamLAND2–Zen、nEXO、LEGEND 和 CUPID。如果中微子质量谱为倒序，那么下一代吨量级的实验有望探测到无中微子双贝塔衰变的信号。若中微子质量谱为正序且明显偏离近简并区域，则需要更大规模、更高精度和更低本底的无中微子双贝塔衰变探测器。后者无疑具有极大的挑战性。值得强调的是，倘若将来的探测器能达到百吨级别，它不仅有望观测到正质量顺序情况下的无中微子双贝塔衰变，也能够将中微子的绝对质量的测量精度提高到毫电子伏的量级。

国内的无中微子双贝塔衰变的实验研究还处于起步阶段，CDEX 和 PandaX 合作组都已发表初步的实验结果，并提出了具有国际竞争力的未来方案。江门中微子实验二期项目计划在液闪探测器中掺入百吨量级的氙或碲核素来探测无中微子双贝塔衰变信号，能够充分利用已有设施，有望成为未来灵敏度最高的实验之一，而如何降低本底是实验面临的关键难点。鉴于无中微子双贝塔衰变研究的国际形势发展迅猛，国内的实验项目需要尽快布局并开展关键技术和硬件的研发，争取在吨量级甚至百吨量级的下一代实验的竞争中脱颖而出。

重要意义

中微子质量及其他基本性质的实验和理论研究是粒子物理学的重大基本问题，特别是中微子的质量顺序、轻子部分的 CP 破坏现象和中微子质量的马约拉纳属性。这些基本问题的解决不仅对建立更完善的粒子物理学理论至关重要，也对相关研究领域的发展影响深远。

宇宙的物质–反物质不对称是宇宙学标准模型无法解释的重大疑难

问题。中微子质量起源和轻子部分的 CP 破坏可能与宇宙物质 – 反物质不对称问题紧密相关，比如关于中微子质量起源的"跷跷板机制"可以为物质 – 反物质不对称问题提供一个简单而优美的解决方案。如果证明轻子数破坏的相互作用是解决中微子质量起源问题的关键，那么中微子质量模型的检验必然是未来高能对撞机实验的不可忽视的主要目标之一。

中微子的探测和无中微子双贝塔衰变的观测都要求更大规模的探测器、更高的能量分辨率和更低的本底噪声，为此研发的探测技术和硬件设备将来一定会有更广泛的应用前景。除此之外，中微子振荡和无中微子双贝塔衰变实验的大型探测器对暗物质粒子、超新星中微子、高能天体中微子的观测同样具有巨大的潜力，将会对暗物质物理、多信使天文学、天体物理和核物理的研究产生重要影响。

5

地球以外有统一的时间规则吗

中文题目 地球以外有统一的时间规则吗

英文题目 Is There a Rule to Unify Time out of the Earth

所属类型 前沿科学问题

所属领域 空天科技

所属学科 计量学，航空、航天科学技术基础学科及其他学科，天体测量

作者信息 刘　民　北京东方计量测试研究所

推荐学会 中国宇航学会、中国计量测试学会

学会秘书 杨振荣、郑伯龙、刘健

中文关键词 守时；授时；相对论；标准时间

英文关键词 Time Keeping；Dissemination of Time；Theory of General Relativity；Standard Time

推荐专家 王　赤　中国科学院院士

　　　　　骆　剑　上海航天技术研究院科技委主任

　　　　　吴伟仁　中国工程院院士

　　　　　张首刚　中科院国家授时中心研究员

　　　　　韩春好　北京卫星导航中心研究员

专家推荐词

时间是全人类共同的语言。在地球引力势外的广域时空中如何统一时间是根本性难题。地球上的守时和授时手段，面对越来越远的航天器和基地已经鞭长莫及，如何统一太阳系内的时间，成为新的问题。

问题描述

时间是全人类共同的语言。守时、授时和历法只为统一时间。对于未来的月球、火星基地，以及深空探索来说，"动钟变慢，弱引力势的钟快"的相对论效应对原子钟的影响不可忽略。当前人类使用的时间规则只能适用于地球引力势范围内，不能适用于更广阔的宇宙空间。在地球引力势外的广域时空中如何统一时间，仍是计量学、空间科学和天文学共同面临的科学问题。空间守时系统针对现有地球上的标准时间不能用在地球以外的其他坐标系的问题，提出了一种新的统一时间的方法。

问题背景

守时是维持时间系统稳定并且统一时间的理论和技术。已经开展的深空探测活动，都依靠天地时间同步系统，如火星、木星和月球的探测活动都是自成体系，航天器除了与地面站通信外，不需要与其他系统开展联系。如果一个孤立系统不需要与外界比较时间的话，就没有统一时间的需要。地球卫星导航 GNSS 建立了四维时空统一的系统，实现了导航、定位和授时，然而它只能应用在地球附近。基于脉冲星的导航技术为远离地球的航天器提供了更好的时空统一方案，而脉冲星导航必不可少的基础就是空间守时系统。未来人类空间活动需要航天器相互协作，月球基地、火星基地之间建立互联网络，就要求在不同局域坐标系之间建立统一时间的规则，这就是空间守时系统要解决的问题。空间守时系统坚守人类对时间的两个约定，即时间单位和时间起始点的约定，在基于广义相对论的空间计量理论的基础上，用铯原子钟测量原时，用脉冲星测量坐标时，用太阳系质心坐标系原点上的坐标时来统一时间。空间守时系统用相对时间观点颠覆了传统的绝对时间观点。相对时间观点认为标准时间不是唯一的，在不同局域坐标系之间，相互观测对方的时间都不可能是均匀流逝的，相互认为对方的时间坐标轴是不均匀的；而绝对时间观点则认为标准时间是唯一的，能够用授时技术来统一所有用时设备。

最新进展

地球或附近轨道上采用的时间统一的模式是"中心守时，局域授时"的模式。在大地水准面附近有 80 多个守时实验室，按照国际单位制的定义复现 SI 秒，测量本地时间 AT，国际计量局 BIPM 对各地的时间进行加权平均产生国际原子时 TAI，再结合地球自转服务组织 IERS 提供的世界时 UT1，加入闰秒后，发布标准时间 UTC，这称为中心守时。因相对论效应影响，不同局域之间，相对速度和引力势不同，原子钟的走速也不同。其他不参与守时的用时设备或原子钟，都不再按 SI 秒的定义进行走时，而是修正了秒长（或称时间单位、时间尺度）保持与标准时间同步。当前统一时间的方法就是利用授时手段，守时工作站不断发出标准时间，让其他时钟放弃自己局域的原时，而保持与标准时间同步。这样除了大地水准面上的时钟能按 SI 秒定义测量时间外，其他时钟都不能按 SI 秒测量时间，这称为局域授时。对于同一个时钟来说时间单位的统一和时间测量的统一两者不可兼得，是直接用 SI 秒做单位测量原时？还是驯服于授时信号？原子钟只能选择其一。

为了解决地球上标准时间无法跨越不同坐标系，授时技术在遥远的星际之间受相对论效应和多普勒效应影响的问题，中国人首先提出了空间守时系统概念，不否定当前守时－授时规则，而是包含现有规则，且在地球范围之外，建立更为适用的、去中心化的时间统一理论和方法。其与现有地球上守时系统有以下不同点：

1. 对时间的观念不同

空间守时系统认为不同局域坐标系上有各自独立的时间系统，并不要求各局域之间的原时统一，但要求对时间单位的约定是一致的，坚持 SI 秒定义的广义相对性。现有守时系统认为标准时间是唯一的，除大地水准面外，其他地方的时间为了保持与标准时间同步，必须放弃自己本地的 SI 秒单位，坚持以守时原子钟为中心，通过授时信号获得同步。

2. 坐标系不同

空间守时系统以太阳系质心为坐标原点，在广义相对论基础上把坐标时作为时间传递、比对和守时的通用语言，不限定守时基准所处的空间位置，既可以在地球表面，也可以在地球同步轨道以及拉格朗日 L2、L4、L5 点，未来还可以在月球、火星基地建立守时基准，只要守时基准所在的位置、引力势和相对速度可以精确计算或查表获知，就可行。现有守时系统是以地球质心为坐标原点，为便于地面原子钟的测量，把地心坐标时（TCG）外推到大地水准面上，称为 TT 时，与 TCG 有固有的走速偏差。两者使用范围不同，是包含而不是排斥的关系。

3. 基准原理不同

空间守时系统同时利用原子钟和脉冲星。原子钟在量子层面表现出来的微观稳定性可复现原时，脉冲星在惯性层面表现出来的宏观稳定性可复现坐标时，微观和宏观物理现象都适用于整个宇宙，都可成为自然基准。

现有守时系统仅仅倚赖多台原子钟的加权平均，维持局域稳定性。

4. 去中心化

空间守时系统是开放系统，它把地面守时系统作为权值最大的子系统，随着人类向外太空发展，还可以不断加入更多行星子系统，甚至所有位置、引力势和相对速度确定的任何航天器，也能成为独立守时系统，各系统之间没有授时关系。现有守时系统以大地水准面上的守时原子钟为中心，尤其是权值大的几台原子钟为主，再由 BIPM 综合各地数据计算出标准时间，这是由中心控制的时间测量系统。

5. 闭环反馈机理不同

脉冲星发出的电磁波进入太阳系内可视为平面波，是可观测的物理信号，太阳系内各处都能观测到脉冲星的信号，空间守时系统把脉冲星作为共视法远程自然基准，在约定了脉冲周期、方位角、脉冲轮廓和初始历元的基础上，各子系统之间相互广播各自的测量结果，通过比较修正，可实现整个系统的反馈，这种反馈能够使空间守时系统更加稳定。现有的守时系统把各地守时原子钟的测量结果进行加权平均，发布统一的标准时间，各地用平均值作为稳定性的反馈，这样的反馈机制受到大地水准面不稳定的影响，长期来看存在整体性漂移。

重要意义

通信、导航、遥感、侦查预警，以及全球金融、贸易、电力、交通和电信运营都需要精准且统一的时间。地球上的守时和授时手段，面对越来越远的航天器和基地已经鞭长莫及，如何统一太阳系内的时间，成为新的问题。统一时间问题是构建人类命运共同体的技术基础，它既有理论技术内容，又有管理和文化的色彩。现有的时间管理理论和方法仅仅适用于地球及其附近空间，不适用于更广域的宇宙空间。由此出现了"空间守时系统"新概念，这不仅仅是概念创新，更重要的是颠覆了传统时空观念。爱因斯坦的相对论把时间的测量、管理和应用推到了新的高度。在新的历史时期，由中国人提出并引领空间守时系统，将产生重大的历史意义和现实价值。21世纪，以信息和航天产业为引领展开了新的产业革命，深空探测和地外基地的布局是未来20年发展的热点，重新制定时间管理规则成为大势所趋。脉冲星的发现和广义相对论的普及应用，给了我们难得的机遇，中国学者抓住了机遇，首先提出了空间守时系统，定义时间起始原点，引领全人类开发地球以外的时间规则，将在人类计量历史上翻开新的篇章。

6 大脑中的记忆是如何产生和重现的

中文题目　大脑中的记忆是如何产生和重现的

英文题目　How is Memory Generated and Represented in the Brain

所属类型　前沿科学问题

所属领域　生命健康（含医学）

所属学科　生物学

作者信息　管吉松　上海科技大学

　　　　　徐楠杰　上海交通大学

　　　　　马　兰　复旦大学

推荐学会　中国细胞生物学学会

学会秘书　林晓静

中文关键词　记忆印迹；信息编码；脑机接口；神经化学

英文关键词　Engram；Information Coding；Brain-Machine Interface；
　　　　　　Neurochemistry

推荐专家　张　旭　中国科学院院士

专家推荐词

大脑如何存储记忆是尚未解决的科学难题和前沿性问题。通过对记忆印迹细胞这个记忆的细胞生物学研究对象的深入研究，解开大脑中记忆存储和提取的基本原理，将成为理解智能的生物学机制的关键突破点。

问题描述

在记忆活动中出现的记忆印迹细胞数量稀少，而记忆印迹细胞的活动承载了对复杂外界信息的记忆存储与提取过程，体现出对高维度复杂信息变量的降维与高效处理。记忆印迹细胞在记忆形成过程中是如何产生的，其活动如何通过神经网络编码、存储与提取记忆是一个非常值得研究的科学问题。

问题背景

大脑如何存储记忆是尚未解决的科学难题和目前研究的前沿性问题。2005 年，《科学》杂志将该问题作为 125 个最具挑战性的科学问题最前沿问题之一进行了公布。记忆是认知的基础，大脑将获得的外界信息和经验转化为神经信号，通过神经网络结构和化学的动态变化，使得信息存储于大脑内。大脑记忆的存储单位、分类方式、加工过程、维持状态、相关疾病等问题的解答有赖于对大脑记忆机制的深入研究。

感觉信息的脑内活动编码会在脑中留下印迹，并依赖神经网络进行存储和提取。通过对神经网络的活动进行动态记录和操控，现代生物学研究近期提出了记忆印迹细胞理论。实验发现，大脑中存在由少量的细胞组成的细胞群体，分散于不同的脑区，其活动足以编码复杂的感觉和运动信息。作为记忆信息的重要承载细胞，记忆印迹细胞的发现迅速推动了大脑记忆机制的研究，成为大脑的信息编码与存储机制研究精确的切入点和重要的生物学研究对象。

最新进展

对于记忆印迹细胞参与的记忆存储，从根本上需要了解这些印迹细胞作为区分不同记忆的低维度变量的载体，是如何在学习的过程中形成的。即，记忆印迹细胞作为复杂记忆网络中的核心节点，是通过从一群有先天性的网络结构特性的记忆印迹细胞前体细胞群体中选择出现的，还是通过普通记忆网络中的节点在学习后获得性增加对各节点的连接，从而从无先天特征的细胞群体中"涌现"出来的？研究这些记忆印迹细胞群体的连接结构特征及调节其发育过程的遗传学和连接组学特征，将揭示大脑对外界信息实施降维并区分不同信息的基本神经原理。

对于记忆印迹细胞参与的记忆提取机制研究，突破关键点在于多脑区记忆印迹细胞活动的统一性原理。在信息处理的不同阶段，不同的脑区中存在的记忆印迹细胞依赖特定的机制共同编码了一段记忆。这样，研究不同脑区记忆印迹细胞群体间的协调性机制和信息交互过程就是研究记忆提取的关键突破点。

重要意义

记忆印迹的信息编码与读取研究，有助于从基础学术角度找到信息高效存储的生物学本质，对人类的思维与认知基础进行定量研究。从人类健康角度，有助于推进高效高速脑机接口策略的探索，为脑功能修复提供全新的选项。从类脑智能角度，有助于发展全新的计算模型，产生仿生物的高效智能计算网络。从人类发展角度，该研究会为将来保存思维和记忆、实现长时间空间跨度星际旅行提供可能，使得人类知识甚至个体意识的延续成为可能。

7

以新能源为主体的新型电力系统路径优化和稳定机理是什么

中文题目	以新能源为主体的新型电力系统路径优化和稳定机理是什么
英文题目	What is the Evolution Method and Stability Mechanism of Renewable Energy Dominated Novel Power Systems
所属类型	前沿科学问题
所属领域	资源能源
所属学科	电力系统及其自动化
作者信息	王伟胜　中国电力科学研究院有限公司
推荐学会	中国电机工程学会、中国能源研究会
学会秘书	汤竑、申志铎
中文关键词	可再生能源；电力系统；电网构建型；
英文关键词	Renewable Energy；Power System；Grid-Forming；
推荐专家	郭剑波　中国工程院院士
	史玉波　中国能源研究会理事长
	孙正运　中国能源研究会副理事长兼秘书长

专家推荐词

构建以新能源为主体的新型电力系统对我国能源转型具备重要的意义，是我国新能源的持续快速发展、如期实现"碳达峰、碳中和"目标的前提与基础。本问题涉及新能源、电气工程、控制和气象等学科，学科跨度大、融合程度深，有望孕育新的学科增长点，为我国能源相关领域提供重要的参考和支撑。

问题描述

随着"碳达峰，碳中和"目标的提出，以风电、光伏为代表的新能源将得到规模化发展，电力系统形态将发生根本性变革。现有电力系统是以同步发电机为主导，新能源以跟随同步发电机的方式运行，不具备自行构建电网的能力，无法满足高比例新能源下电网的稳定运行要求。未来，如何构建以新能源为主体的电力系统，保证电力系统的可靠供电与安全运行是大规模发展新能源、实现"碳达峰，碳中和"进程中的关键问题。

问题背景

规模化开发和利用可再生能源是应对全球气候环境变化、实现低碳绿色发展的必由之路。2020 年 9 月以来，习近平总书记在多个重大国际场合就应对气候变化提出"2030 碳达峰，2060 碳中和"的目标与愿景。根据习近平总书记在气候雄心峰会上的讲话，到 2030 年，我国风电、太阳能发电总装机容量将达到 12 亿千瓦以上。随着新能源的快速发展，未来将逐步形成以新能源为主体的新型电力系统。

目前，电力系统仍以同步机为主导，新能源发电主要以配合同步机的方式运行，不具备自组网能力，无法主动为电网提供惯量、调频、调压等支撑，在未来高比例新能源电力系统的场景下，难以保障电力系统的安全运行与可靠供电，极易引发系统安全稳定问题，如宽频带振荡、电压失稳、频率失稳等，从而制约新能源的大规模发展。

构建以新能源为主体的电力系统，需要创新新能源发电原理和技术，探索新型电力系统的构建形态和运行方式，突破新能源发电需跟随同步机运行的制约，实现新能源自行构建电网，并保障电力供应与安全运行。

最新进展

以新能源为主体的新型电力系统路径优化和稳定机理，是具有前瞻性、基础性、开拓性的问题，存在以下难点与挑战：

1）电力可靠供应方式。新能源资源具有随机性、波动性和间歇性，我国经济社会发展需要充裕可靠的电力供应，在资源与负荷逆向分布、源荷不确定性强的背景下，需要研究新型电力系统的电力电量平衡问题；

2）优化电网构建型新能源发电技术路径。新能源发电以电流源方式运行，不具备组网能力，需要攻克新能源因依赖同步发电机的支撑问题，突破电力系统中新能源占比的限制，攻克电网构建型新能源发电技术，并实现新型电力系统的安全稳定运行；

3）新型电力系统暂态稳定机理。新型电力系统的特性已变为由新能源等电力电子装置主导，显著区别于由同步发电机特性所主导的传统电力系统，需要揭示新型电力系统暂态稳定机理，提出应对策略；

4）新型电力系统小干扰稳定机理。新能源发电控制频带宽且重叠，容易引发负阻尼导致振荡现象，且振荡风险会随着新能源容量的增加而增大，亟须攻克新型电力系统的小干扰稳定机理，提出应对策略。

重要意义

构建以新能源为主体的新型电力系统对我国能源转型具备重要的意义，是我国新能源的持续快速发展、如期实现碳达峰、碳中和目标的前提与基础。

本问题涉及新能源、电气工程、控制和气象等学科，学科跨度大、融合程度深，有望孕育新的学科增长点，为我国能源相关领域提供重要的参考和支撑。

8

铝合金超低温变形双增效应的物理机制是什么

中文题目	铝合金超低温变形双增效应的物理机制是什么
英文题目	What is Physical Mechanism of Double Enhancement of Plasticity and Hardening of Aluminum Alloy at Cryogenic Temperature?
所属类型	前沿科学问题
所属领域	制造科技
所属学科	机械制造及其自动化
作者信息	凡晓波　大连理工大学
	苑世剑　哈尔滨工业大学
推荐学会	中国机械工程学会
学会秘书	于宏丽　王　乐
中文关键词	铝合金；超低温成形；双增效应；物理机制
英文关键词	Aluminum Alloy；Cryogenic Forming；Double Hardening；Physical Mechanism
推荐专家	陆大明　中国机械工程学会副理事长、秘书长

专家推荐词

铝合金在超低温条件下出现延伸率与硬化指数同时提高的反常双增效应,有助于形成超低温成形技术体系,发展出与现有冷成形、热成形并列的第三大类成形制造技术,为大尺度铝合金、铝锂合金整体结构曲面薄壁构件的成形提供全新技术途径,颠覆欧美沿用半个多世纪的技术路线,满足我国航天航空高端装备对大型铝合金整体结构的迫切需求。

问题描述

铝合金是火箭、飞机等运载装备的主体结构材料。但是,高强铝合金常温塑性差、硬化能力低,难以成形整体薄壁曲面件,一直是制造领域难以解决的国际问题。实验发现,铝合金在超低温条件下出现延伸率与硬化指数同时提高的双增效应,比常温提高 1 倍多。利用这一反常现象,可以发展与现有冷成形和热成形完全不同的超低温成形技术。作为一类全新的变革性技术,超低温成形的核心是利用双增效应提高成形极限。为什么铝合金在超低温下不仅没有冷脆,还大幅提高塑性和硬化能力?必须从原子及微观层面阐明双增效应的物理机制。

问题背景

铝合金因具有高比强度、高比刚度和良好的抗腐蚀性能,成为火箭、飞机的主体结构材料,结构质量占比达 50% 以上。随着新一代运载火箭、飞机、高铁及新能源汽车对轻量化、大承载、高可靠、长寿命要求的大幅提升,迫切需求采用整体结构代替分体拼焊结构。

但是,由于高强铝合金,尤其铝锂、铝锌合金等,常温塑性差、硬化能力低,整体成形时应力状态复杂,极易开裂,是长期困扰产业界的国际难题。热成形虽能提高铝合金塑性，但其出现软化现象，易导致其集中变形而发生局部变薄，承载能力降低。在制造此类整体结构铝合金薄壁曲面件时，现有的冷成形和热成形技术均存在巨大挑战，甚至无法克服的难题。

研究发现，铝合金在超低温条件下出现延伸率与硬化指数同时提高的反常双增效应，延伸率和硬化指数能分别增加至 40% 和 0.5 以上，提高 1 倍多，这非常有利于整体结构的铝合金薄壁曲面件成形。由此，发展出一类与现有冷成形和热成形完全不同的超低温成形变革性技术。

超低温成形的实质是利用铝合金在超低温条件下的双增效应。为什么铝合金在低温条件下不仅没有冷脆，延伸率和硬化指数还大幅提高？微观结构变化决定宏观性能变化，超低温下铝合金微观结构到底是如何演变、相互作用，促进宏观延伸率和硬化指数大幅提高？现有的变形机制均无法有效解释。从应用角度来看，如何确定超低温双增效应的临界转变温度？它是否还受第二相、应力状态等因素影响？

最新进展

目前，已对铝合金在超低温条件下双增效应进行了宏观描述，不同种类铝合金均具有显著的双增效应，主要受温度、合金元素和相组成影响；大连理工大学已经建成世界首台薄壁构件超低温成形设备，且在超低温条件下试制出 2219 铝合金 3m 级火箭整体箱底样件，以及铝锂合金半球件，验证了超低温成形技术可行性。对于双增效应微观机制研究较少，一方面受制于超低温条件下的微观原位表征手段；另一方面受制于超低温变形机理的未知。如何实现超低温下铝合金微观变形多维可视化表征，从原子结合能、多晶 – 第二相 – 合金元素相互作用角度揭示超低温双增效应的物理

机制，将是未来面临的关键科学问题与挑战。

重要意义

通过突破超低温下双增效应的微观机制，建立超低温成形技术体系，发展出与现有冷成形、热成形并列的第三大类成形制造技术，为大尺度铝合金、铝锂合金整体结构薄壁曲面构件提供新一代成形技术，解决我国航天航空高端装备铝合金整体结构的难题，可以推动重型运载火箭、大型飞机、高铁等国之重器的发展。并且，利用超低温双增效应还可制备超细晶、超宽板幅、超薄铝合金材料，解决高性能铝合金材料制备难题，显著提升铝合金板材制造水平。

9 如何揭示板块运动动力机制

中文题目	如何揭示板块运动动力机制
英文题目	How to Reveal the Dynamic Mechanism of Plate Movement
所属类型	前沿科学问题
所属领域	地球科学（含深地深海）
所属学科	地质学
作者信息	梁光河　中科院地质与地球物理研究所
	薛国强　中科院地质与地球物理研究所
推荐学会	中国地球物理学会
学会秘书	胡　敏
中文关键词	板块运动；动力机制；地球物理；证据
英文关键词	Plate Movement；Dynamic Mechanism；Geophysics；Evidences
推荐专家	张国伟　中国科学院院士
	滕吉文　中国科学院院士
	吴福元　中国科学院院士
	郭　建　中国地球物理学会秘书长
	黄清华　北京大学教授

专家推荐词

驱动板块运动的源动力是什么一直存在争议，它是地球系统科学中的顶级科学问题。如何通过综合地球物理证据验证各种假说和模型的真伪是解决问题的关键。该问题一旦获得突破，对地球系统科学的发展将产生划时代的影响。

问题描述

自魏格纳一百年前提出大陆漂移假说以来，驱动板块运动的动力机制一直是地球科学中最重要的问题之一。地球上的板块都会运动是不争的事实，但到底是什么动力驱动它们运动则一直存在争议。历史上地球物理证据在这个方面发挥了关键作用，比如海底扩张和板块构造假说就是基于古地磁和海底磁异常条带这些地球物理证据而提出来的。但这些都是表面证据，只是证明了板块的确发生了运动，但到底为什么运动，还有很多争议。目前主要有三种观点：一是以海底扩张为主的"推力"模型；二是以俯冲板片拖拽力为主的"拉力"模型；三是以重力滑移驱动为主的"自驱动"模型。板块运动的驱动力应该在地球深部，仅仅依靠表面的地质证据难以突破，地球物理证据在这方面应该发挥关键作用。

问题背景

近现代大地构造发展的历史就是寻找驱动大陆板块运动的动力机制的历史，无论大陆漂移假说还是海底扩张和板块构造假说，都是在寻找这个驱动力的驱使下一步步发展的。为什么这个驱动力这么重要？因为它是所有地质运动的原动力。板块运动的驱动力是长期困扰国内外地学界的重要科学问题，中国国家自然科学基金委员会和中国科学院于 2017 年出版的

《中国学科发展战略——板块构造与大陆动力学》认为板块构造理论虽然取得了巨大成功，但该学说依然存在其形成以来就存在的难题，即板块动力、板块起源及板块上陆三大问题。驱动板块运动的动力机制是最为重要的问题，也是亟待解决的问题。传统的海底扩张"推力"模式遇到了很多新的挑战，近期大量地质和地球物理观测表明，大洋中或洋中脊上存在大量大陆残片，还有一些洋中脊与海底磁异常条带并不平行的问题。

最新进展

海底扩张"推力"模型认为在地幔对流框架下，在洋中脊处不断生成的大洋板块对大陆板块产生了推力，但存在的问题有三个：①解释不了大洋上广泛分布的大陆残片；②解释不了印度洋磁异常条带与洋中脊不平行分布的问题；③洋壳推力必然会在大洋上产生挤压环境，形成逆冲断层和推覆褶皱，但大洋中实际观测却以拉张环境下的正断层出现，这与观测事实不符。为了合理解释这些地质现象，近年来又有学者分别提出"拉力"模型和"自驱动"模型。

俯冲板片拖曳"拉力"模型认为大陆板块前面俯冲下去的大洋板块密度增加产生向下的拉力，拉动大陆板块运动，但也存在三个问题：①解释不了现在地球上正在发生的板块运动，如大西洋扩张两侧的板块运动，南美洲向西漂移是哪个大洋岩石圈板块俯冲拖曳的？②不符合物理基本原理，地球从浅到深密度逐渐增加，轻的地壳往密度大的地幔俯冲，只能产生正浮力，不会产生负浮力。大洋岩石圈榴辉岩化密度增加存在悖论，传统的榴辉岩形成需要首先到达上百千米才能形成高密度体，在这之前它们密度小，不能提供向下拉力，只能是向上的浮力。③印度欧亚碰撞发生在65Ma（Ma，百万年）前，印度板块北侧的特提斯洋俯冲已经超过50Ma，俯冲下去的特提斯洋板片早已断离，不能提供向北运动的拉力，但印度仍在快速向北运动。

重力滑移"自驱动"模型认为大陆板块能够在热力驱动下自己发生漂移，类似平底热锅上的奶油自己会跑。这个驱动力最初来源于大陆裂解中的地幔上涌，在大陆板块后部的莫霍面造斜，因大陆板块自身重力作用沿倾斜的莫霍面滑脱而移动，已经移动的大陆板块造成后部降压诱发下面地幔熔融进一步上涌，上涌的地幔再进一步造斜从而推动板块进一步移动，这是一个连锁的造斜和重力滑脱过程。造成的结果是大陆板块仰冲在大洋板块之上发生漂移。大陆板块之所以能够克服巨大阻力向前滑移，很重要的一个原因是大陆板块迎冲在大洋板块上，很多含水矿物进入俯冲带，无论陆壳还是洋壳在含水情况下熔融温度下降数百度，因此俯冲进入下地壳区域就会发生部分熔融，形成软弱带，大陆漂移类似大陆板块不断陷入软泥的过程。

这些模型都是概念模型，未来面临的关键难点与挑战是要验证它们的真伪，需要地球物理证据的支持，因为关键证据都在地球深部。也需要对典型实例解剖，比如印度大陆为什么会北漂？

重要意义

板块运动的驱动力问题一旦获得突破，对地球科学发展的影响将是巨大的，不但在大地构造学研究领域有突破性进展，而且对地形地貌演化、古地理学、地球生态环境系统演化以及"人类生存共同体"的发展都具有重大影响。

10 "亚洲水塔"失衡失稳对青藏高原河流水系的影响如何

中文题目　"亚洲水塔"失衡失稳对青藏高原河流水系的影响如何

英文题目　What is the Impact of the Imbalance and Instability of the "Asian Water Tower" on the River Systems of the Qinghai-Tibet Plateau?

所属类型　前沿科学问题

所属领域　地球科学（含深地深海）

所属学科　地理学

作者信息　卢善龙　中国科学院空天信息创新研究院

　　　　　　于顺利　中国科学院植物研究所

　　　　　　杨晓红　中国生物多样性保护与绿色发展基金会

　　　　　　王　静　中国生物多样性保护与绿色发展基金会

推荐学会　中国生物多样性保护与绿色发展基金会

学会秘书　张思远

中文关键词　气候变化；河流水系；水资源；青藏高原

英文关键词　Climate Change；River System；Water Resources；Qinghai-Tibet Plateau

推荐专家　周晋峰　中国生物多样性保护与绿色发展基金会副理事长兼秘书长

卢耀如　中国工程院院士

屈建军　中国科学院兰州寒区旱区环境与工程研究所风沙物理室主任

刘树坤　中国水利水电科学研究院教授

专家推荐词

"亚洲水塔"失衡失稳过程中，冰川积雪融化、降水增加、湖泊扩张、河川径流增加引发的山体滑坡、泥石流、山洪、冰川湖溃决等地质灾害，正持续改变青藏高原河流水系统结构与水沙通量，对我国及下游国家水资源安全和灾害防治具有重要影响。

问题描述

近几十年来，在全球变暖的大背景下，青藏高原呈现加速增暖的趋势，气候趋于暖湿化，致使冰川积雪加速融化、降水明显增多、湖泊扩张加剧、河川径流增加。根据中国科学院青藏高原研究所发布的《西藏高原环境变化科学评估》报告和第二次青藏高原综合科学考察研究项目阶段研究成果，"高原水塔"（"亚洲水塔"）正朝着失衡失稳的方向发展，即区域内固液结构失衡、液态水体储量的增加导致"水塔"结构失稳。伴随上述过程，青藏高原生态系统表现为整体好转（变绿）、局部变差（退化）的分异性特征。近年来，山体滑坡、泥石流、山洪、冰川湖溃决等地质灾害呈增加趋势。在上述变化过程驱动和影响下，青藏高原河流水系统正在发生或即将发生深刻变化，然而，过去和现有研究对于这一变化过程、驱动因素、未来趋势和影响等问题还缺乏系统的研究和认识。

围绕这一核心关键科学问题，亟须关注和开展下述问题的研究：

1）近几十年来，青藏高原各大河流源区水系发生了什么样的变化？它们的水系结构及水文特征如何？

2）各河流水系变化的驱动因素及影响贡献情况如何？各影响因素与河流水量变化的定量关系如何？

3）当前各河流水系的结构稳定性如何？未来在气候变化持续的情况下，各河流水系结构和水沙通量会如何变化？

4）未来气候不同情景下，青藏高原河流水系结构及水量变化对下游流域和国家水资源供给安全影响如何？

5）应对不同情景下可能产生的洪涝或干旱灾害，防灾减灾策略如何？

问题背景

全球变暖正深刻地改变着高山寒区河流湖泊（河源区）水系统状态、格局及服务功能，从而对全球水资源安全、水生态环境健康产生影响。最新研究表明，近几十年来，以冰川补给为主的河川径流和冰湖数量与面积呈增加趋势，全球范围内冬季河湖冰覆盖度呈显著减少趋势，而高寒地区的河流水系和湖泊稳定性下降，从而导致冰湖溃决、滑坡型泥石流和洪水灾害事件的风险和频率增加。其中，关于高寒湖泊溃决及其影响的研究主要包括典型溃决事件案例分析和区域与全球溃决发生概率和风险评估两个方面。关于河流源区溯源侵蚀、河源捕获等水系统演化过程及影响，一般是在第四纪或更长的时间尺度上进行研究，很少有近现代的研究。

最新进展

最新一次有完整观测记录的研究是 2016 年春季加拿大最大的冰川之一卡斯卡武什冰川退缩引发的河流溯源侵蚀。侵蚀过程彻底改变了区域地表水系统格局，使得原本通过育空河流向白令海的冰川融水，向南通过阿尔塞克河流入太平洋。这一过程同时也改变了两个河流源区以冰川补给为主的湖泊水文情势。

青藏高原河流湖泊水系统的变化是高原上多圈层系统受气候变暖影响的产物。近年来的研究重点包括冰川面积和储量变化，河川径流量的变化、影响及时空特征差异，湖泊面积、水位与水量变化及影响因素，以及冰湖数量变化及灾害风险评估等方面。截至目前，作为"亚洲水塔"失衡失稳关键指示性指标的冰川退缩时空特征、湖泊（包括冰湖）面积（水位、水量）变化过程、驱动因素及潜在影响等问题均已被广泛关注，但对这些变化过程作用下形成的区域河流湖泊水系统整体结构和水沙通量变化、稳定性、演化趋势及影响等问题还缺乏研究，限制了人们关于气候变化背景下高原河流水系统变化及其对下游水资源安全和灾害防治影响的认识。

重要意义

在"亚洲水塔"整体失衡失稳的演化大背景下，开展青藏高原河流水系统变化过程与成因、影响及演化趋势等科学问题研究，对于丰富和理解气候变化背景下"亚洲水塔"失衡失稳的科学内涵和过程机理、减缓和应对这一演化趋势对我国及下游国家水资源供给安全影响和科学防治水旱灾害具有十分重要的科学意义和应用价值，同时对于开展全球其他气候变化影响严重区域河流系统变化研究具有重要的参考价值。

11 如何高效利用农业微生物种质资源

中文题目	如何高效利用农业微生物种质资源
英文题目	How to Use Agricultural Microbial Germplasm Resources Efficiently
所属类型	工程技术难题
所属领域	农业科技（含食品）
所属学科	农学
作者信息	陈 云 浙江大学
推荐学会	中国农学会
学会秘书	马 晶
中文关键词	微生物种质；功能性微生物；挖掘与利用；农业绿色投入品
英文关键词	Microbial Germplasm；Beneficial Microbes；Exploration and Utilization；Agricultural Green Inputs
推荐专家	马忠华 浙江大学农学院副院长
	陈 阜 中国农业大学教授
	廖小军 中国农业大学教授
	刘春明 北京大学现代农学院院长
	张爱民 中国科学院大学教授

专家推荐词

农业微生物种质资源是国家战略资源，是支撑农业绿色高质量发展的重要保障。针对当前农业微生物资源开发利用中的基础科学问题和产业瓶颈，亟须加强微生物种质资源保护、功能性微生物作用机理、农业微生物产业化关键技术及其绿色投入品的应用技术集成等研究，推进农业微生物种业高质量发展，保障粮食安全和人民生命健康。

问题描述

我国农作物病虫害频繁爆发、耕地质量偏低和农业面源污染等问题，严重制约我国农业绿色高质量发展。农业微生物资源是新型微生物杀菌剂、杀虫剂、功能性肥料等绿色低碳投入品的重要来源，是支撑农业高质量发展的重要保障。但是，我国在农业微生物种质资源保护、重要功能性微生物利用过程中的基础科学问题与产业化技术难题等方面的研究方面投入不足，亟须开展如下工作：①建立国家级农业微生物种质资源保护与利用中心（区域中心与分中心相结合），做好微生物种质资源收集、保护和利用；②加强微生物资源的精准鉴定与系统评价，针对重要病虫害、土壤改良、废弃物资源化利用等问题，解析功能性微生物绿色防控、改善土壤质量、废弃物分解的作用机理，探索微生物组构建机制及其在农业生态系统中的机制；③建立微生态精准调控技术、保障作物健康安全生产，利用组学、合成生物学、人工智能选育和创制微生物源新药、新制剂与绿色投入品；④突破微生物活菌制剂和细胞工厂技术瓶颈，实现各类微生物资源的产业化应用。

问题背景

　　微生物种质资源拥有量和开发利用程度是衡量一个国家综合国力和竞争力的重要标志。现阶段我国在农业微生物种质资源保护及利用方面已取得部分成果，但相比欧美等发达国家，我国在农业微生物种质资源保藏物种多样性、保藏质量、鉴定评价、智能化管理、高效利用、国际参与度等方面还存在很大差距。食药用、饲用、肥料用、环境修复、生物转化、生物防治等有益微生物物种匮乏、资源保藏分散、功能机制退化，大量科学性、商业化微生物菌种受制于国外。以微生物杀菌剂为例，我国目前登记的主要是芽孢杆菌类，其他微生物登记少且效果不稳定。针对功能性微生物在农业上应用的分子机理研究不够深入，活菌制剂等产业化技术问题突出，严重制约产品的高效应用。国外在微生物资源利用，尤其在农业病虫害防治、产量提高等方面已经开展了大量前沿研究，产品已经开始进入市场。例如，孟山都公司开发的微生物拌种剂 Acceleron® B-360 ST，能够促进玉米根系生长，提高养分吸收，进而提高产量。经美国 Indigo Agriculture 公司研发的 Indigo Corn™（植物内生菌）产品处理的玉米种子，在干旱地区能使玉米增产 45%～77%。巴斯夫公司推出的微生物拌种剂 Nodulator SCG 和 Poncho Votivo 能够提高豆科作物固氮能力和防治线虫病害。因此，加快农业微生物种质资源保护及利用对我国农业高质量发展具有重要现实意义。

最新进展

　　国外已在微生物资源挖掘利用、微生物组功能、植物－微生物组互作、农业有益微生物资源产业化等方面取得较大进展，部分有益微生物菌剂及其衍生产品已经广泛应用于农业生产和临床医学，取得了较大经济和社会效益。我国在农业微生物高效利用方面已建立国家菌种资源库、中国农业微生物菌种保藏管理中心等微生物种质资源平台；在功能性微生物资源的挖掘、微生态分析及其在作物病虫害防治等基础研究方面已初步形成了一支高水平研究队伍并取得较好成果。例如，中国科学院、中国农业科学院、浙江大学、南京农业大学等单位已在微生物菌种保藏、微生物基因组数据挖掘、微生物种间互作机理、有益微生物作用机制、种子及根系微生物组等方面取得重要进展。未来关于农业微生物种质资源及其利用的关键难点主要为：新资源、新种类的挖掘；功能性微生物在农业病虫害防控、作物提质增效、土壤改良等方面的作用机理；微生态形成及维持机制；微生态精准定向调控技术开发；微生物活菌制剂与细胞工厂关键技术创新等。

重要意义

农业微生物种质资源是国家战略资源，是支撑农业绿色高质量发展的重要保障。加强农业微生物国家战略科技力量和农业微生物种业创新条件建设，系统梳理农业微生物种质资源领域的前沿科学问题和"卡脖子"技术难题，建设一支高水平农业微生物种质资源保护与利用专业化队伍，集智攻关前沿科学问题和关键技术，研发一批高效功能微生物绿色投入品，将对打好种业翻身仗、保障国家粮食安全、促进农业绿色高质量发展、保护人民生命健康具有重要的推动作用。

12 如何解决三维半导体芯片中纳米结构测量难题

中文题目　如何解决三维半导体芯片中纳米结构测量难题

英文题目　How to Solve the Measurement Challenges of Three-Dimensional Semiconductor Chips with Nanostructures

所属类型　工程技术难题

所属领域　制造科技

所属学科　仪器科学与技术

作者信息　杨树明　西安交通大学

推荐学会　中国计量测试学会

学会秘书　刘　健

中文关键词　三维半导体芯片；纳米结构；可溯源测量

英文关键词　Three-Dimensional Semiconductor Chip；Nanostructures；Traceable Measurement

推荐专家　蒋庄德　中国工程院院士

　　　　　　　谭久彬　中国工程院院士

专家推荐词

大深宽比纳米结构测量技术对于三维半导体芯片制造技术提升和工艺控制至关重要，其率先突破将直接影响半导体芯片制造领域，进一步促进航空航天、国防军工等领域微纳器件的制造水平提升，并将极大丰富和扩展计量科学的方法创新。

问题描述

半导体芯片制程已经从二维向三维发展。随着新一代芯片垂直方向堆叠层数的增多，工艺难度呈指数上升，必须对芯片三维结构进行精确测量，才能指导优化工艺并保证芯片功能，但是这类结构的可溯源测量仍极具挑战。因此，攻克大深宽比三维芯片结构测量难题迫切而重要。

问题背景

随着芯片工艺日益精细，物理尺寸几乎达到了极限，摩尔定律遇到发展瓶颈，但是市场对芯片性能的要求却越来越高。为了寻求更好的方式提升芯片性能，世界各大芯片制造厂商提出三维堆叠的概念，芯片结构也开始从二维走向三维。例如，晶体管的结构正在从传统的平面型发展为具有三维结构的鳍式场效应管（FinFET），并且已经成为 14nm 以下乃至 5nm 工艺节点的主要结构；存储芯片也向具有大深宽比三维垂直结构的 3D NAND 发展，通过在垂直方向增加存储叠层而非缩小器件二维尺寸实现存储密度增长，目前国产芯片最高可做到 64 层，而一线大厂如三星、海力士、镁光等已可做到 128 层以上。这些芯片结构的高度复杂性给制造工艺带来了全新的挑战，同时对测量技术提出了新的更高要求，即满足二维特征尺寸测量的同时兼顾三维结构的深度信息。无损、定量获取三维芯片的关键尺寸、深度及缺陷等信息对于新一代三维芯片制造技术提升和工艺控制至关重要。对于上述具有极限特征尺寸的极大深宽比三维结构，如 3D NAND 闪存芯片中深宽比大于 80∶1 的通道孔，现有测量仪器难以对其进行无损定量检测。扫描电子显微镜（SEM）、光学关键尺寸测量仪（OCD）和原子力显微镜（AFM）很难满足其大深宽比测量需求，只能通过横截面透射电子显微镜（TEM）破坏式方法进行检测。可见，测量大深宽比微纳芯片结构仍然极具挑战。

最新进展

在半导体芯片检测领域，国际上最先进的技术和仪器主要被 KLA-Tecor、Applied Materials 和日立三家公司垄断，其开发的用于芯片结构关键尺寸（CD）和三维检测的仪器主要包括 TEM、OCD、CD-SEM 和 3D-AFM。TEM 通过切片检测截面信息，属于破坏式测量，不利于规模化量产。OCD 基于光学散射 - 模型匹配原理，通过分析周期性纳米结构的散射光场，主要用于定性缺陷识别和二维关键尺寸检测；利用 X 射线透视技术，通过对芯片不同深度处进行断层分析可定性获得三维形状信息。CD-SEM 基于电压衬度成像原理，使用精细聚焦的电子束扫描样品，具有亚纳米级分辨率，能够测量芯片二维特征尺寸，是芯片在线检测最通用的技术之一；采用最新的背向散射电子探测技术，可实现基于模型的三维检测，但仍无法定量获得深度信息；此外，电子与被测材料相互作用，可能引起损伤。3D-AFM 具有纳米级分辨率和实现三维定量检测的优势，但由于原子力硅探针的展宽效应，对于具有极大深宽比的三维结构测量存在严重失真。通过在原子力硅探针上组装或生长具有大长径比的碳纳米管探针可有效扩大 AFM 的测量深度，这是实现大深宽比纳米结构测量的最新发展方向，目前研究该技术的机构主要有美国加州大学、日本大阪大学以及西安交通大学等。未来面临的关键难点与挑战是如何突破探针的长径比与力学性能的相互制约瓶颈，实现大长径比纳米探针的可控制备；或者以大长径比探针作为光诱导介质，突破光学衍射分辨率极限，实现光学非接触测量。以上方法在全球范围内仍处于实验室研究阶段，尚未出现成熟的可溯源测量设备。

重要意义

三维芯片大深宽比结构可溯源测量是世界性难题，该难题取得突破后，将极大丰富和扩展计量科学和方法的创新，直接影响半导体芯片制造领域，并将促进半导体芯片进一步向多层堆叠结构发展，在三维世界中延续摩尔定律。发展三维芯片大深宽比纳米结构的可溯源测量技术，一方面可使我国在半导体芯片测量领域率先突破，另一方面，该技术难题的突破将提升我国航空航天、国防军工等领域微纳器件的制造水平，对交叉领域科技发展产生重大影响，并发挥引领和带动作用。

13 如何开发比能量倍增的全固态二次电池

中文题目　如何开发比能量倍增的全固态二次电池

英文题目　How to Develop All Solid State Secondary Battery with 100% Increase of the Specific Capacity

所属类型　工程技术难题

所属领域　数理化基础科学

所属学科　化学工程 – 电化学工程 – 电池

作者信息　黄学杰　中国科学院物理研究所

推荐学会　中国汽车工程学会

学会秘书　陈　敏

中文关键词　二次电池；固体电解质；比能量倍增；高安全

英文关键词　Secondary Battery；Solid State Electrolyte；100% Increase of Specific Capacity；High Safety

推荐专家　李　骏　中国工程院院士

张进华　中国汽车工程学会常务副理事长兼秘书长

肖成伟　中国电子科技集团第十八研究所主任

专家推荐词

全固态锂二次电池采用致密固态电解质，理论上比能量可达到现有锂离子电池的 2～3 倍。目前，全固态电池已成为各国角逐的热点技术，日本、美国、韩国等均在近 5 年内加大研发投入力度，行业共识的发展路线是继续提升电极和电解质材料的综合性能，设计新型集流体 / 电极 / 电解质复合结构，发展新型制造工艺和装备，逐步推进电池制造技术，并在未来 5～10 年实现全固态电池的产业化，预计 2030 年全球市场规模可达到数百亿甚至数千亿美元。

问题描述

全固态锂二次电池采用具有离子传输能力的致密固态电解质，完全替代锂电池用的有机电解液，可大幅度提升电池的安全性能，同时固态电解质还可兼容无法在液态电池中使用的高比能量正负极材料，固态电池比能量的理论值可达到现有锂离子电池的 2～3 倍。目前，全固态电池已成为各国争先角逐的新能源汽车热点技术，日本、美国、韩国等均在近 5 年内加大全固态电池研发投入力度，预测 2025—2030 年将实现产品化技术突破，但目前全球尚未制备出比能量超过液态锂离子电池的全固态电池。

区别于传统电池中活性材料与电解液的固 - 液界面接触，固态电池中材料颗粒之间为固 - 固界面接触模式，这导致界面分离或高界面电阻会限制电池比能量和倍率性能发挥。如何形成稳定致密的接触界面、抑制电极体积效应、增加各组分机械强度、提高界面稳定性和动力学性能已成为固态电池的关键问题。与液态电池和继承于液态电池的半固态电池相比，全固态电池是革命性技术，其材料、结构和制造工艺装备可继续沿用的不多，需要突破电极、电解质、界面工程、封装等技术，挑战非常艰巨。

问题背景

锂离子电池具有高比能量、长寿命的特点，已成为电动汽车动力电池的主流选择。目前的锂离子电池采用有机溶剂电解液，最高比能量已达到 300Wh/Kg，因更高比能量与高安全性的矛盾不易解决，比能量继续提升的空间有限。全固态锂二次电池以无机固态电解质完全替代有机电解液，可大幅度提升电池的安全性能，还可兼容无法在液态电池中使用的高比能量正负极材料，理论上固态电池比能量可达到现有锂离子电池的 2~3 倍。

全固态电池完全使用固体传输锂离子，电池内部体积效应以及固体电解质之间存在固–固界面问题，限制了动力学性能。对于全固态电池而言，已有的锂离子电池材料、结构和制造工艺装备可继续沿用的不多，需要突破电极、电解质、界面工程、封装等技术，使得目前全固态电池的研究挑战难度大。

多数固态电池初创企业退而求其次，在全固态电池内部添加部分电解液改善界面做成半固态电池，其制备方法对于目前传统锂离子电池工艺兼容研究难度相对较低，通过减少电池内部液态电解质的含量可在一定程度上提升电池比能量和安全性，但是没有从本质上解决含有电解液带来的潜在安全隐患，电性能还不能达到高端锂离子电池的水平。

最新进展

日本方面，丰田牵头联合日立造船、日本电子等多家企业和高校研究机构开展基于硫化物固态电池为核心的研究，目前丰田在固态电池领域研究已持续近 10 年，预计其产品推出时间为 2022—2025 年。虽然产业化还存在高难度挑战，但其在固态电池中硫化物电解质领域的研究和工业化探索方面仍处于国际领先地位，丰田表示固态技术的应用前景乐观，但仍需时间进行深入研究和工艺摸索。

美国方面，Solid Power、Seeo、Sakti3、QuantumScape、Infinite Power Solutions 和 24M 等多家固态电池公司已获得数十亿美元支持，现阶段均未量产固态电池实际产品。目前，美国公布的固态电池研究方向涵盖所有固态电池技术路线，各公司研究进展和具体技术路线还未明确。

韩国方面，目前将研究重点集中在电解质和金属锂方面，开发基于现有三元正极材料体系的固态电池，如三星近期报道用银碳混合锂负极提升了固态电池的循环寿命。

中国方面，近年来已有多家半固态电池初创公司成立，其中卫蓝新能源、清陶、赣锋锂业、台湾辉能等公司已分别开发出半固态电池样品，中科院物理所、宁波材料所、上海硅酸盐所、中电十八所及多所高校研究的全固态电池尚在实验室研发中。

截至目前，全球尚未开发出在比能量性能方面可以与现有高比能锂离子电池相媲美的全固态电池，而目前由商业公司所发布的相比于现有锂离子电池具有部分优势的固态电池数据均来自半固态电池，但整体性能尚需进一步提升。

目前，全固态电池主要采用高离子电导率固体电解质或复合固体电解质，来弥补实际室温电解质电导率和接触特性劣于传统电池的问题。主要策略是开发仅适用于固态电池的正极材料，在正极材料表面形成固体电解质包覆层以构筑一体化电极，并尽可能减薄电解质厚度，实现有强度的中间层，同时利用多层复合电解质拓宽适用电压窗口。但由于不添加电解液，固 – 固界面的接触稳定性、空间电荷层、颗粒间体积效应、金属锂枝晶生长等问题仍是限制全固态电池发展的核心问题。

重要意义

固态锂二次电池采用固体电解质取代传统电解液，由于材料体系兼容性和热稳定性良好，从而在能量密度和安全性上均可实现大幅度提升，固态电池比能量可达到现有锂离子电池的 2 ~ 3 倍。按照目前发展速度，固态电池将逐步替代现有锂离子电池。目前，固态电池已成为各国争先角逐的新能源汽车热点技术，通过关键技术研发，在未来 5 ~ 10 年实现全固态电池的产业化，使固态电池比能量由目前的 300Wh/kg 倍增到 600Wh/kg，应用领域从小型便携式电子设备拓展到动力和储能领域，预计 2030 年全球市场规模可达到数百亿甚至数千亿美元。研究全固态电池关键技术并推进产业化，对实现全固态电池关键技术自主可控，加速我国新能源汽车技术进步，增强我国新能源汽车全球竞争力，节能减排和保障我国能源安全具有重要意义。

14 如何发展我国自主超高分辨率立体测图卫星关键技术

中文题目	如何发展我国自主超高分辨率立体测图卫星关键技术
英文题目	How to Develop the Key Technologies of the Civil Very High Resolution Stereo Mapping Satellite
所属类型	工程技术难题
所属领域	地球科学（含深地深海）
所属学科	测绘科学与技术
作者信息	李国元　自然资源部国土卫星遥感应用中心
推荐学会	中国测绘学会
学会秘书	苏文英
中文关键词	卫星测绘；1：2000；高精度几何定位；高辐射质量
英文关键词	Satellite Survey；1：2000；High Accuracy Geometric Positioning；High Radiation Quality
推荐专家	唐新明　自然资源部国土卫星遥感应用中心总工程师

专家推荐词

大比例尺地形图测绘、国土调查、新型城镇化发展、自然资源精细化管理、不动产登记、智慧城市构建、"一带一路"倡议实施，对自主甚高分辨率卫星遥感数据存在旺盛的需求。卫星测绘是航天遥感高精尖技术的聚集地，发展大比例尺卫星测绘是建设测绘强国的必由之路，是维护国家地理信息安全的重要举措，有利于提升我国测绘地理信息的国际话语权，也是支撑国民经济高质量发展、国家治理体系和治理能力现代化的重要手段。

问题描述

美国、法国、印度等国家在航天遥感领域持续发力，目前已经发射或正在规划分辨率小于 0.3m 甚至 0.2m、能满足 1∶2000 立体测图的高精度测绘卫星，抢占世界航天科技和应用的高地。我国先后发射了资源三号、高分七号等国家民用空间基础设施卫星，分别实现了 1∶50000、1∶10000 高精度立体测图，但在 1∶2000 领域仍处于空白，与国际领先水平还有一定差距，相关工程技术难题亟待突破。

问题背景

目前几何分辨率优于 0.3m 的面向 1∶2000 的大比例尺国产测绘卫星处于空白，由民营资本参与主导的商业航天遥感机构则不具备发展如此高分辨率高精度的立体测绘卫星的基本条件，目前在国家民用空间基础实施规划中因卫星工程实施条件不足也未被列入计划。从工程技术角度，还存在大比例尺测绘卫星总体设计及指标论证、传感器及平台设计、高精度数据处理及应用等薄弱环节，诸如亚角秒级高精度姿态确定、10^{-6} 量级的超稳定度卫星平台、0.2m 级甚高几何分辨率航天 CCD 拼装、复杂空间环境下卫星平台与载荷夹角变化高灵敏度测量与高稳定控制、高可靠度的激光测高数据处理、甚高分辨率高精度几何辐射检校、全球高精度高程基准建立等关键难点问题需要攻关。

最新进展

我国先后通过 2012 年、2019 年发射的资源三号和高分七号卫星实现了 1∶50000、1∶10000 高精度立体测图，突破了卫星测绘几何辐射全链路模拟仿真、高精度几何辐射检校技术、高精度定轨定姿及后处理技术、严密几何模型构建、卫星激光测高及复合测绘、卫星影像密集匹配立体测图等关键技术。

美国分别在 2014 年、2016 年成功发射了分辨率达 0.3m、测图精度满足 1∶2000 的 WorldView-3/4 商业卫星。未来几年，美国还计划建设 WorldView-150、WorldView-Scout、WorldView-Legion 系列星座，对地球表面的高精度重访周期缩短至 36 分钟，即理论上每天对同一地点可成像 40 次。印度于 2019 年发射了分辨率达 0.25m 的高精度制图卫星 CartoSat-3，法国在 Pléiades 的基础上将进一步建设 0.3m 分辨率的 Pléiades Neo 星座，并于 2021 年 4 月成功发射了首颗卫星。目前我国民用遥感卫星分辨率的最高水平为 0.41m，但还无法满足 1∶2000 大比例尺立体测绘需求。

重要意义

卫星测绘是航天遥感高精尖技术的聚集地，发展大例尺卫星测绘是建设测绘强国的必由之路，是维护国家地理信息安全的重要举措，有利于提升我国测绘地理信息的国际话语权，也是支撑国民经济高质量发展、国家治理体系和治理能力现代化的重要手段。

　　传统航空摄影技术手段能够获取分米级甚至厘米级的甚高分辨率遥感影像，但存在作业成本高、周期长、受制于地域条件和天气条件等局限性。大比例尺地形图测绘、国土调查、新型城镇化发展、自然资源精细化管理、不动产登记、智慧城市构建、"一带一路"倡议实施，对自主甚高分辨率卫星遥感数均存在旺盛的需求。相关需求要求对全国 200 万平方千米重点区域和全球 200 万平方千米重点地区进行年度覆盖，对全国 400 万平方千米的重点区域进行季度或月度覆盖，对全国 100 万平方千米的重点目标进行每天覆盖。

　　高质量、高时效的甚高分辨率卫星数据获取是必然的发展趋势，已成为衡量一个国家技术水平的重要标志。无论从航天遥感技术进步、国家安全保障，还是应用需求的角度，都需要发展优于 0.3 米的甚高分辨率民用光学遥感卫星测绘，这是世界航天遥感的大势所趋、发展和应用所向。

15 如何利用人工智能实现医疗影像多病种识别并进行辅助诊疗

中文题目　如何利用人工智能实现医疗影像多病种识别并进行辅助诊疗

英文题目　How to Use Artificial Intelligence to Realize Multi Disease Recognition in Medical Image for Auxiliary Diagnosis and Treatment

所属类型　工程技术难题

所属领域　信息科技

所属学科　计算机科学技术

作者信息　彭绍亮　国家超级计算长沙中心（湖南大学）

喻风雷　湘雅附二医院

推荐学会　中国电子学会 / 中国科协信息科技学会联合体

学会秘书　余文科　程　媛　赵　琦

中文关键词　医疗影像；人工智能；图像识别；深度学习；病灶识别与标注；辅助诊疗

英文关键词　Medical Imaging；Artificial Intelligence；Image

Identification；Deep Learning；Lesion Recognition and
Labeling；Auxiliary Diagnosis and Treatment

推荐专家　朱洪波　南京邮电大学物联网研究院院长、原副校长

专家推荐词

人工智能在民生领域的应用，如医疗辅助方面，有普世意义，符合健康中国战略需求，可以有效缓解医疗资源的压力，提升医生诊疗的效率和精度，减少误诊，为患者节省时间和医疗费用。信息技术时代，AI+ 医疗对实现精准医疗，保障人类生命健康和社会经济发展意义重大。

问题描述

影像诊疗的概念原起源于肿瘤学领域，之后其外延才扩大到整个医学影像领域，理解医学影像、提取其中具有诊断和治疗决策价值的关键信息是诊疗过程中非常重要的环节。

人工智能的勃兴已经成为推动社会经济发展的新动力之一，人工智能结合医疗影像实现辅助诊疗成为必然趋势。但目前的技术都是针对单病种的识别，忽略了病理之间的相关性，有可能延迟其他病灶被发现的时间，耽误最佳治疗时间；同时，单病种识别的低利用率，给医生综合诊治过程带来了极大的不便。实现人工智能精准辅助诊疗，可以从根本上有效缓解医疗资源的压力，提升医生诊疗的效率和精度，减少误诊，节省患者的时间和医疗费用。所以，有效利用人工智能实现医疗影像多病种识别，最大限度挖掘影像数据，从而进一步辅助医生对患者诊疗具有重大意义。

问题背景

2016 年末，国务院印发了《"十三五"国家战略性新兴产业发展规划》，其中多次提及医疗影像，指出要"发展高品质医学影像设备""支持企业、医疗机构、研究机构等联合建设第三方影像中心"。2017 年 1 月，国家发改委更是把医学影像设备及服务列入《战略性新兴产业重点产品和服务指导目录》。

中华医学会的一份医疗影像误诊数据资料显示，我国临床医疗中每年的误诊人数约为 5700 万人，总误诊率为 27.8%，恶性肿瘤平均误诊率为 40%，而这些误诊主要发生在基层医疗机构。同时，我国的医学影像数据年增长率达到 30%。

医疗行业是十分依靠经验的行业，很难批量化地培训和复制。而人工智能的成熟让这种现象有了转机，人工智能可以模拟人类大脑，通过对海量医学知识和医学专家经验的学习，掌握相对应的医学知识。此外，具有操作简单、可以应用在各个医疗机构的特点，可以对广大经验不足的医生带来巨大的助益。

目前的医疗影像分析系统大多是针对单一病灶，忽略了疾病之间的关联性，有可能造成所谓的并发症，导致不能尽早发现疾病。人工智能技术在指导临床诊疗、疾病预测、用药监测、智能模型优化等方面的价值还未完全发挥。利用人工智能技术，更好地挖掘并利用 CT 影像数据，实现影像数据的多病种识别，帮助医生系统地诊断是医疗影像分析未来发展的重要目标。

最新进展

从技术角度来看，医学影像诊断主要依托图像识别和深度学习这两项技术。依据临床诊断路径，首先将图像识别技术应用于感知环节，将非结构化影像数据进行分析与处理，提取有用信息。其次，利用深度学习技术，将大量临床影像数据和诊断经验输入人工智能模型，使神经元网络进行深度学习训练；最后，基于不断验证与打磨的算法模型，进行影像诊断智能推理，输出个性化的诊疗判断结果。

依托于图像识别和深度学习的人工智能和医学影像的结合，应至少能够解决三种需求：一是，病灶识别与标注，即通过 AI 医学影像产品对医学影像进行图像分割、特征提取、定量分析、对比分析等；二是，靶区自动勾画与自适应放疗；三是，影像三维重建。

从落地方向来看，目前我国 AI 医学影像产品布局方向主要集中在胸部、头部、盆腔、四肢关节等几大部位，以肿瘤和慢病领域的疾病筛查为主。

根据突现词分析和共被引文章分析，研究者们近些年更关注人工智能在癌症研究领域的方法学研究。人工神经网络是功能强大的机器学习方法，广泛用于学习多个级别的抽象数据，能够解决非线性复杂问题，是人工智能应用于癌症研究的主要技术。基于人工神经网络建立准确的癌症研究模型是研究的基础，利用遗传算法、回归模型、模式识别、微阵列等方法，优化算法，准确建模，评估模型，提高预测结果准确性，进行方法学优化与改进是研究的前沿。人工智能将在癌症的发现和分类领域有更多的应用前景。基于人工智能的方法学改进，人工神经网络方法已被用于预测癌症的存在、分析癌症类型、生存风险或将未标记的样品聚类等方面，通过将模式识别对图像信息进行分析应用于癌症的病理和影像诊断，为癌症的诊断和分类提供了方法学基础。由于构建模型时可能存在过度拟合、模型配置和训练、模型的评估以及研究的可重复性等技术问题，所以通过遗

传算法优化人工神经网络、利用包括逻辑回归在内不同类型的回归模型对已构建模型进行评估、将微阵列技术与神经网络相结合对癌症基因进行分析、通过模式识别对病理和影像等图像信息进行处理用于癌症的诊断与分类等，都是围绕癌症研究的方法进行优化与改进。

找到符合医学生物学原理、具有临床实用性的算法，提高模型预测的准确性、可重复性和可操作性是关键；同时，建立多病种数据库，实现病灶的初筛以及实现疾病的关联性，都是未来所要面对的挑战。所以，方法学研究的突破可能会为癌症研究开辟新的空间，带来新的机遇。

重要意义

实现人工智能驱动下的医学影像多病种识别，不仅可以帮助医生实现对影像数据的全方位分析，对病灶的勾画，更加准确无误地实现疾病的诊断，有助于对疾病的精准治疗，更重要的是有助于实现多病种的识别，通过疾病关联性等因素来干预和预防其他病种引起的并发症等，第一时间发现各种病变位置，进行有针对性的治疗。这对人类生命健康和社会经济发展意义重大。

16

如何突破深远海航行装备制造与安全保障工程技术难点

中文题目　如何突破深远海航行装备制造与安全保障工程技术难点

英文题目　How to Break through Engineering Technology Difficulties in Manufacturing and Safety Support of Deep Marine Navigation Equipment

所属类型　工程技术难题

所属领域　地球科学（含深地深海）

所属学科　船舶与海洋工程、航海技术

作者信息　王　刚　中国船级社

　　　　　　　张铁栋　哈尔滨工程大学

　　　　　　　马　杰　武汉理工大学

推荐学会　中国航海学会

学会秘书　岳　鹏　夏　炎

中文关键词　航行装备；深远海与极地环境；制造与安全保障

英文关键词　Marine Navigation Equipment；Deep Sea and Polar Region；Manufacturing and Safety Support

推荐专家　张宝晨　中国航海学会常务副理事长

专家推荐词

深远海与极地开发涉及国家安全和经济发展，具有重要战略意义。通过深远海（包括极地）装备制造及安全保障工程技术的研发，可以解决深远海航行装备涉及的环境、制造与安全保障技术及工程软件等关键技术问题，实现技术自主可控，并占领全球技术的制高点。因此，如何开展面向深远海和极地的开发，在深远海与极地这种极端环境下解决未来的资源采集、运输，以及提高安全性成了颇具价值的问题。

问题描述

国家《"十四五"规划和 2035 年远景目标纲要》明确指出，瞄准深远海等前沿领域，实施一批具有前瞻性、战略性的国家重大科技项目，加快壮大海洋装备产业，建设海洋强国，提高海洋资源、矿产资源开发保护水平。

根据国家发展战略要求，应围绕深远海与极地环境下的油气、矿产综合作业平台（包括深海采矿船、极地海洋平台等）、深远海与极地航行装备（包括豪华邮轮、极地 LNG 运输船、极地重型破冰船、极地大型油轮等）、深远海与极地航行关键设备（包括探测系统、水下生产系统、极地救生设备、基于北斗的空天海岸协同通信保障系统等）等重大装备研发，对深远海与极地环境（包括监测、预报及大数据分析技术等）、深海工程技术（包括顶层设计技术、感知与控制技术、长距离矿产输送与保障技术、系统运维与预警技术等）、极地工程技术（包括冰下探测与通信技术、航行性能预报技术、结构与装置安全评估技术、破冰技术等）、综合安全与保障评估技术（包括安全航行保障技术、远程安全监管技术、安全救助技术、大数据处理分析技术等）、深远海与极地装备工程软件研发（包括环境数据库与预报软件系统、设计与安全评估软件系统、安全运维及保障数据库与软件系统等）等关键技术进行研究，解决"卡脖子"的问题，建立深远海航行装备制造与安全保障相关的技术能力和标准，实现具有自主知识产权的深远海航行装备国产化，占领全球深远海航行装备制造与安全保障技术的制高点。

问题背景

随着中华民族的伟大复兴与和平崛起，中国飞速的经济产业发展和消费升级，对资源的需求日益增大。深远海与极地是人类有待开发的资源宝库。同时，极地还具有重大地缘战略意义。所以，近年来世界各国对深远海与极地开发利用的竞争空前激烈，深远海航行装备制造和安全保障是全球关注的焦点。

与国际领先的深远海航行装备制造和安全保障技术水平相比，我国还存在：深远海航行装备制造的技术链与产业链不齐全、配套能力不够；豪华邮轮，深海采矿船及配套的矿产探测与生产系统，油气平台及配套的生产系统，通信保障系统，极地海洋平台、极地大型运输船、极地重型破冰船以及极地救生设备等重要装备的自主设计和制造能力不足；对深远海与极地环境监测、预报及大数据分析能力不足；对深远海与极地工程涉及的顶层设计、探测与通信、性能与安全预报和评估、运维与监控等技术能力和经验不足；对安全航行相关的保障与远程监管、预警与救助以及大数据处理分析等技术能力和经验不足；深远海与极地装备工程软件基本依靠国外技术等方面的问题。相应的技术标准不健全，不能满足深远海航行装备的大型化、关键设备的系统化、集群化以及深远海与极地复杂环境的生产作业等需求，制约了我国深远海航行装备的国产化水平和深远海国家战略的实施。

最新进展

国际上在深远海航行装备及深海资源开发方面已形成完整的技术链和产业链，积累了大量的工程应用经验。大型 LNG 船、豪华邮轮等航行装备的设计、制造、运维与安全保障技术能力已具有领先优势，并占据主导地位。同时在深海采矿、生物资源利用领域也开始了初步商业化应用。我国的深远海航行装备设计制造研发起步较晚，虽然在深海油气装备的总装和传统大型运输船的建造等方面具有一定规模优势，但在技术链和产业链的完整性，以及高附加值大型船舶和海洋装备的关键技术领域还存在明显的短板，特别是大型 LNG 船及其货物围护系统、豪华邮轮及其设备、深海采矿船及配套设备等主要依赖国外，未能形成具有自主知识产权的设计和制造能力、相关技术标准与配套工程软件。极地航行装备设计、制造和安全保障能力较强的国家主要集中在北冰洋附近。俄罗斯拥有世界最大的冰区船队，其研发的高纬度导航、通信系统等均居世界前列。作为近极地国家的日韩，也加快了参与北极地区资源开发的极地装备研制。我国虽成功建造了"雪龙 2"号科考船等极地装备，但在大型高冰级极地运输船舶和配套设备等方面还没有自主的设计和制造能力，还未形成系统化的极区航行保障体系。

为了突破深远海航行装备制造与安全保障工程技术难点，应重点开展：深远海与极地环境监测和预报研究，建立相应的数据库及标准，形成大数据分析能力；深海与极地工程涉及的顶层设计研究，探测与通信系统研究，性能与安全预报和评估技术研究，运维与监控技术研究与系统开发，建立配套的技术标准，形成独立自主的技术开发和制造能力；安全航行保障与远程监管技术与系统研究，预警与救助系统研究，建立数据库及标准，形成系统的安全保障和应急处置能力；深远海与极地装备工程软件研发，形成具有自主知识产权的软件系统。

重要意义

深远海与极地航行装备制造业是我国战略性新兴产业的重要组成部分和高端装备制造业的重点方向，是国家实施海洋强国战略的重要基础和支撑。深远海与极地航行装备制造与安全保障是深远海与极地战略的基础，进行科技领域攻关，突破相关技术难点，解决"卡脖子"问题，提升深远海与极地航行装备领域全产业链竞争力，推动制造业优化升级，培育深远海与极地航行装备产业创新发展，提升制造业核心竞争力，促进具有自主知识产权的深远海与极地环境下的油气、矿产综合作业平台、深远海与极地航行装备、深远海与极地航行关键设备的研发应用，有助于实现我国"十四五"规划和 2035 年远景目标纲要提出的深远海发展目标。

深远海与极地航行装备制造和安全保障工程关键技术难题突破后，有助于强化国家深远海战略科技力量，加强深远海领域原创性、引领性科技攻关，深入实施深远海与极地装备制造强国战略，提升产业链供应链水平。通过深远海与极地装备制造和安全保障工程研发，加快核心技术创新应用，培育壮大发展新动能，构筑深远海与极地产业体系新支柱，可以产生巨大的经济效益；有利于构建和保障现代能源体系，加快深海、远海、极地和非常规油气资源开发利用；有利于积极拓展海洋经济发展空间，深度参与全球海洋治理、海洋环境监测和保护；有利于加强南北极国际合作，拓展极地航线应用，进一步保障国家海洋权益。

17 如何创建5G+"三早"全周期健康管理系统

中文题目	如何创建 5G+"三早"全周期健康管理系统
英文题目	How to Create A Comprehensive Full-Cycle Active Health Management Service System for 5G+ Early Screening, Early Evaluation and Early Intervention?
所属类型	工程技术难题
所属领域	生命健康（含医学）
所属学科	其他
作者信息	郭　清　浙江中医药大学
	王立祥　解放军总医院第三医学中心
推荐学会	中华医学会
学会秘书	宋　盟　张利平
中文关键词	健康管理；5G；早筛查；早评估；早干预；心脏骤停；心肺复苏
英文关键词	Health Management；5G；Early Screening；Early Evaluation；Early intervention；Cardiac Arrest；CPR

推荐专家　张　群　南京医科大学附属第一医院健康管理中心主任

　　　　　　　唐世琪　武汉大学人民医院健康管理中心主任

专家推荐词

人口老龄化、慢性病已成为严重威胁我国居民健康、影响国家经济社会发展的重大问题。基于 5G 构建早筛查、早评估和早干预的健康管理系统，促健康、防大病、管慢病，对健康中国建设具有重大的战略意义。

问题描述

本项目根据国家"十四五"卫生健康规划要求、瞄准国际科技前沿，为应对慢性病剧增、人口老龄化等挑战，按照健康中国行动方案，通过科技创新，在健康信息收集和健康检测、健康风险评价和健康评估、健康危险干预和健康促进（"健康管理三部曲"）的基础上，提出早筛查、早评估、早干预（简称"三早"）的理论，结合 5G 技术，构建集早筛查健康管理服务、早评估健康管理服务和早干预健康管理服务于一体的 5G+"三早"健康管理系统。整合医院、社区、家庭/个体智能监测终端形成"医院—社区—家庭/个人"健康信息多端数据共享云平台，建立个人动态健康档案，通过疾病风险预测模型和健康风险预警预测系统，有针对性地帮助个体或群体采取有效行动，消除或减轻影响慢病的危险因素。项目以北京、上海、杭州、深圳、济南、武汉、南宁等有工作基础的地区为试点，探索建立"医院—社区—家庭/个人"健康管理服务模式，对试点地区分别进行过程管理质量控制和效果评估、过程管理和质量控制、效果评价，形成可复制可推广的健康管理模式，为健康中国建设提供理论引领和试点示范。

问题背景

随着我国工业化、城镇化、人口老龄化进程不断加快，健康服务供给总体不足与需求持续增长之间的矛盾日趋严峻。国家"十四五"规划和2035年远景目标纲要草案明确指出，把保障人民健康放在优先发展的战略位置，坚持预防为主的方针，深入实施健康中国行动。习近平在2021年全国两会中提出"预防是最经济、最有效的健康策略"。美国密歇根大学健康管理研究中心的研究证实，90%的个人和企业通过健康管理之后，医疗费用降到原来的10%，而10%的个人和企业未作健康管理，医疗费用比原来上升了90%。近年来，技术创新更多地激发健康管理服务的发展潜能，加上民众对健康服务的需求，助推健康管理服务供给模式实现创新。我国已有多家医疗机构开始探索5G在健康管理领域中的应用。但健康管理产业链长，涉及上下游产业广泛，将5G技术应用于全生命周期健康管理、医疗、康复、预防、保健等各环节，实现健康服务闭环，是5G在健康管理应用场景中的一大挑战。

最新进展

医院是开展医疗健康服务和健康管理服务的重要场所，包括5G、互联网在内的技术运用对医院信息化建设至关重要，未来医院信息化建设发展重点将是信息平台建设、信息互联互通、新兴技术（移动互联网、云计算、大数据和人工智能等）应用、基础设施建设等。在构建医院"互联网+医疗健康"智慧服务体系过程中，信息传输交互是核心体系，只有夯实信息基础，才能探索区域协同、远程医疗和全病程管理等服务模式的落地问题。通过借助5G网络耦合的强大传感器，可穿戴设备可以对患者进行远程监控，进行虚拟患者咨询，开展基于增强现实（AR）和虚拟现实（VR）的模拟手术和以人工智能（AI）为动力的机器人手术，实时维护救护车和其他医疗设备，进行云计算，建立动态海量数据存储库等，将对医疗行业产生巨大影响。本项目负责人早在 2011 年就提出智能健康管理的概念，即以信息技术为手段，通过数字健康（eHealth）、移动健康（mHealth）、智能健康（iHealth）构建新型健康管理体系，为公众提供连续高效的健康管理服务。2011 年卫生部重点课题立项，启动在杭州开展的远程监控心电防治心脏病的医院—社区—家庭健康服务模式研究。2013 年教育部批准了首个"移动健康管理系统工程研究中心"。目前，5G 技术在医疗健康领域快速发展并初步显效，但居民健康危险因素没有得到有效控制，已有探索主要围绕部分慢性病患者开展"互联网+"健康管理服务，尚未发现依托 5G 技术开展"医院—社区—家庭/个人"健康管理的研究与实践。综上所述，在数字中国建设的背景下，积极应对重大慢性病剧增、人口老龄化等挑战，打破"信息孤岛"和"数据壁垒"，形成居民健康管理多主体连续性、系统性和联动性，成为亟待解决的问题。

重要意义

我国现有心血管病患者 2.9 亿，心脑血管疾病为我国居民第一死亡原因，具有高患病率、高致残率、高复发率和高死亡率的特点，带来了沉重的社会及经济负担。《"健康中国 2030"规划纲要》中强调要以人民健康为中心，坚持预防为主，推行健康生活方式，减少疾病发生，强化早预防、早发现、早干预，实现全人群、全生命周期的健康管理服务。本项目聚焦"以治病为中心"转变为"以健康为中心"的政策导向，基于 5G 技术构建"三早"健康管理系统，实现健康数据的系统性、连续性。依托

5G+"三早"健康管理系统，整合医院、社区卫生服务中心、家庭、个体智能监测终端形成"医院—社区—家庭/个人"健康信息多端数据共享云平台并规范数据统一格式，整合平台服务过程中动态数据，形成个人动态健康档案；基于已收集的个体健康信息，通过疾病风险预测模型和健康风险预警预测系统，对人群进行综合分析与分层分类评价，实现健康管理早筛查和风险早评估；建设健康管理早干预促进系统，通过系统制订干预计划和方案，有针对性地帮助个体或群体采取有效行动、纠正不良生活方式，消除或减轻影响慢性疾病的危险因素；建立互动跟踪随访系统，及时对健康干预内容的执行情况和效果进行动态跟踪；通过数据对比进行干预效果评价，并根据评价结果进行下一阶段健康管理，形成连续周期性全程健康管理。结合5G网络和可穿戴设备的监测系统，可为每位居民建立健康监测和疾病预警模块，为居民提供居家保健支持，将家庭成员的生理数据传送至社区卫生服务中心，实现疾病即刻诊断与干预，并可探索实现急性不良事件的预警预测，构建"医院—社区—家庭"健康管理服务模式。5G+"三早"健康管理系统还可与现有的医疗机构信息系统对接，实现患者院内、院外连续跟踪和干预，并通过院外健康干预建立后续就医就诊计划。

本项目在"三早"健康管理系统中，瞄准造成居民疾病负担和死亡的重大慢性病，遴选多种适宜技术和服务模式。以心脏骤停为突破口，通过5G技术，构建"上防未心、中治欲心、下救已心"的心脏猝死防治救系统方案，将心脏骤停猝死纳入全生命周期的重大疾病管理中，开发"防未心"监护平台、"治欲心"诊疗平台、"救已心"急救平台，通过5G技术，实现现场可视化、快速分诊、智能调度、生命救助、预警监测、心脏康复等功能，提供从宣教、筛查、诊疗、干预到应急救护全闭环猝死防治及健康服务，解决在社区、家庭等院外急救现场进行施救的非医第一目击者如何在黄金四分钟进行快速救护反应的问题；解决猝死高危人群如何在社区、家庭针对心脏骤停高危因素进行综合性防控、康复的问题。

综上所述，本项目拟运用5G、云计算、可穿戴设备、人工智能等最新技术，建立具有连续性、动态性、个性化的"三早"主动健康管理系统，探索"医院—社区—家庭/个人"的健康管理服务模式，实现"促健康、防大病、管慢病"的目标，形成具有可复制可推广的健康管理服务模式。

18

如何通过重要生态系统修复工程构建精准高效的生态保护网络并恢复生物多样性

中文题目　如何通过重要生态系统修复工程构建精准高效的生态保护网络并恢复生物多样性

英文题目　How to Establish an Accurate and Efficient Network of Ecological Conservation and Restore Biodiversity in the Major Ecosystem Restoration Projects

所属类型　工程技术难题

所属领域　生态环境

所属学科　生物学

作者信息　邹长新　生态环境部南京环境科学研究所

　　　　　　胡慧建　广东省科学院动物研究所

　　　　　　刘曦庆　广东省动物学会

　　　　　　张　琨　生态环境部南京环境科学研究所

　　　　　　仇　洁　生态环境部南京环境科学研究所

推荐学会　中国环境科学学会 / 中国动物学会

学会秘书 吴　蕾　张宏亮　杜卫国

中文关键词 重要生态系统修复工程；生态保护网络；生物多样性保护；生物群落重建

英文关键词 Major Ecological Restoration Projects；Ecological Conservation Network；Biodiversity Conservation；Rebuilding Biological Community

推荐专家 魏辅文　中国科学院院士

马建章　中国工程院院士

高吉喜　生态环境部卫星环境应用中心研究员

专家推荐词

生态保护网络是应对生物多样性丧失、气候变化等生态问题的重要措施，也是国际社会关注的热点问题。自然保护地体系的构建是我国"十四五"时期的重要任务，对我国生态文明建设进程具有重要作用。当前，生态保护网络构建仍然受到分布格局不合理、保护措施与保护目标错位、生态保护与社会发展矛盾等因素的影响。为提升保护成效，需要创新生态保护网络构建方法，发展科学合理的生态评估框架，精准识别亟待保护的重点区域，协调生态保护与社会发展的关系。鉴于生态保护网络的重要作用和发展短板，建议开展生态保护网络精准高效构建的重大科学研究。

问题描述

遏制生物多样性资源的迅速丧失已成全球性重大挑战，也是我国的紧迫任务。由于人类活动的强烈扰动，我国大多数重要生态区的物种库遭受较严重破坏，严重限制生物多样性自我恢复能力及程度，使其难以达到最佳水平。例如，珠三角地区一度损失 60% 以上的物种。如果依靠自然恢复，许多地区将面临因物种库缺失而导致当地野生动物多样性水平低下的困境。

构建精准高效的生态保护网络是提升生物多样性水平的重要途径，需要通过整合多项社会、经济要素，进行综合性、系统性的顶层设计来实现。通过有效的评估措施实现生态保护优先区精准识别，增强保护措施与保护目标的空间匹配，同时考量当地社区等利益相关者的合理需求，是构建精准高效生态保护网络的有效途径。

在此基础上，进一步开展生物群落重建，推动因强干扰而受损的生物群落恢复，能够对物种库进行有效保护与恢复，显著降低灭绝风险，从而成为恢复生物多样性资源的新途径。

我国在野生动植物群落恢复的技术研发与实践，已取得成体系的成果与经验。这些成果与经验在重大生态修复中的应用，将为我国巩固现有生态修复成果，在非生物环境得到改善的背景下，提升和恢复生物多样性资源水平发挥极为重要的作用。

问题背景

当前，世界各国共同面对生态退化、生物多样性丧失等问题的严峻挑战，纷纷以实施一系列生态保护修复措施作为应对策略。我国作为生物多样性丧失问题最严重的国家之一，对此问题保持高度关注。过去数十年间，我国构建覆盖全国的保护地体系，大力实施生物多样性保护，全面推进生态修复工程，并规划在 2021—2035 年开展全国重要生态系统保护与修复工程。然而，相关工作仍存在种种问题。

对保护地体系而言，其保护成效受保护空缺明显、管理保障不足等因素的制约。由于缺少综合性、普适性的评估框架体系，管理者难以精准识别亟待保护的区域，保护措施与生态保护优先区空间错位。此外，许多保护地的运行管理限制当地社区和原住民的生产生活需求，二者矛盾突出，制约保护成效的持续发挥。因此，需要探索一种能够平衡生态保护和社会经济发展的生态保护网络构建模式。

对生物多样性提升而言，尽管当前生态修复已经为生物多样性恢复创造了良好的外部环境，然而对生物群落生态恢复还存在不足与误区，故在多数地区生态修复后仍存在生物多样性和资源水平不足，甚至出现水下沙漠化和林下沙漠化的现象。因此，生物多样性提升需要解决两个主要问题：①如何实现以恢复自然生物资源为重心，有效提升生物多样性水平及生态系统服务功能；②如何构建生态保护网络，有效遏制生物资源衰退，并争取将野生动物多样性和资源水平恢复至环境容纳量的高值。

最新进展

近三十年，生物多样性恢复理论与技术研究快速发展，但主要集中在植物群落及植被恢复上，消失植物群落重建与恢复技术已较为成熟。相比之下，动物群落恢复技术研发相对落后。广州从 2008 年开始实施的"野生动物进城工程"在此领域进行了有益探索。该工程在城市野生动物群落恢复技术领域取得重大进展，从动物群落重建角度，形成了从目标物种甄别、栖息地修复与营造、目标物种招引、消失物种重引入到生态廊道构建等完整的技术体系，在全国数十个项目地应用中已能实现快速恢复动物群落的效果，并得到世界银行、GEF（全球环境组织）和 WWF（世界自然基金会）等国际组织的认可。

保护地网络构建方面，学术界和管理者已经认识到生态保护优先区精准识别的重要意义，并倾向于通过自上而下的综合性科学评估予以实现。生态系统服务被认为是指示生态保护优先区的有效指标。但是如何设计能够全面表征各类生态保护优先区的评估框架，如何兼顾评估框架的精准性、普适性和可操作性，仍然是有待深入研究的问题。此外，管理保障措施和原住民态度在维护生态保护网络方面的重要作用已经得到体现，但是如何促进原住民有效参与生态保护、界定其生产生活活动的适宜强度等仍是需要应对的挑战。

重要意义

探索精准高效构建保护地网络，有助于促进就地保护、自然恢复等领域的理论创新，可以为基于自然的解决方案等国际关注热点提供有益范例，并有助于提升生态保护领域投入产出效率，增强生态保护规划和管理成效，实现保护和发展的双赢。

开展群落重建和生物多样性提升研究，可以有效遏制生物多样性和资源衰退，并促进生物资源快速恢复，大大提升我国重要生态系统稳定性和生态服务功能。同时，将为我国提供重要的国家战略资源，包括景观资源、生态资源和经济资源，促进"山水林田湖草"生态一体化建设，服务于生态文明建设和满足人们对美好生活的需求。此外，还将对落实《中共中央关于制定国民经济和社会发展第十四个五年规划和二〇三五年远景目标的建议》在"37.提升生态系统质量和稳定性"中提出的"实施生物多样性保护重大工程"，和《全国重要生态系统保护和修复重大工程总体规划（2021—2035 年）》发挥重要作用。

19

如何构建我国生态系统碳汇扩增的技术体系

中文题目　如何构建我国生态系统碳汇扩增的技术体系

英文题目　How to Build a Technical System for Increasing Ecosystem Carbon Sinks in China ?

所属类型　工程技术难题

所属领域　生态环境

所属学科　生态学

作者信息　张丽荣　生态环境部环境规划院

推荐学会　中国环境科学学会

学会秘书　吴　蕾　张宏亮

中文关键词　碳中和；生态系统碳汇；扩增

英文关键词　Carbon Neutrality；Ecosystem Carbon Sink；Increase

推荐专家　何友均　中国温室气体自愿减排交易项目（CCER）审定
　　　　　　　　　　与核证质量管理委员会常务副主任

专家推荐词

尽早实现碳达峰与碳中和目标，除了要优化能源使用结构、减少温室气体排放，还要增加生态系统碳汇，来抵消人类活动造成的 CO_2 排放；需要充分考虑生态系统碳汇/源功能，加强对生态系统及生物多样性的保护。

问题描述

目前我国生态系统碳汇扩增还处于试点探索和系统管理的初期，还存在：①核算技术标准不统一，家底不清楚；②工作机制不健全，难以形成合力；③生态系统总体较脆弱，碳汇潜力有待提升等实际问题，制约了我国碳汇扩增举措。因此，需要从国家层面针对生态系统碳汇扩增这个主题，研究制定一套从调查、监测、核算到评估标准制定以及部门间高效合作管理的技术体系。

问题背景

气候变化及其影响日趋严重，已经成为全球人类面临的重大挑战。习近平总书记在第七十五届联合国大会一般性辩论上宣布，我国力争于 2030 年前 CO_2 排放达到峰值的目标，努力争取于 2060 年前实现碳中和的愿景，并在气候雄心峰会上进一步宣布国家自主贡献最新举措。

最新进展

实现碳中和的核心是减少大气中 CO_2 等温室气体含量，主要两大途径：①减少温室气体排放；②碳汇扩增。生态系统碳汇扩增作为一种高效可行、绿色可持续的方式，是我国实现碳中和的重要途径。森林、草原、海洋（海岸）、湿地、农田和荒漠等生态系统在全球气候变化中扮演着关键角色，生态系统中生产者、消费者、分解者以及环境构成的有机整体储藏了大量的碳，是全球碳循环中的重要组成，有研究表明，全球陆地生态系统碳库（包括植物和土壤两部分）总计约 24770 亿吨，约为大气碳库的 3 倍，而我国生态系统的年均碳汇量约占同期全国工业 CO_2 排放量的 20.8% ~ 26.8%。

重要意义

积极应对气候变化，实现碳中和是我国实现可持续发展的内在要求，是加强生态文明建设、实现美丽中国目标的重要抓手，是我国履行负责任大国责任、推动构建人类命运共同体的重大历史担当。在全球碳循环中，生态系统作用巨大，生态系统碳汇扩增作为一种高效可行、绿色可持续的减碳方法，是我国到 2060 年实现碳中和目标的重要途径。

20 如何制造桌面级的微小型反应堆电池

中文题目	如何制造桌面级的微小型反应堆电池
英文题目	How to Make Desktop Sized Micro Reactor Battery
所属类型	工程技术难题
所属领域	先进材料
所属学科	核能科学与工程
作者信息	叶　成　上海核工程研究设计院有限公司
推荐学会	中国核学会、中国能源研究会
学会秘书	刘思岩　申志铎
中文关键词	核动力；反应堆电池；反应堆电源；核电池
英文关键词	Nuclear Power；Reactor Battery；Reactor Power；Nuclear Battery
推荐专家	林诚格　国家核安全局原副局长兼总工程师，国家电力投资集团有限公司专家委委员

专家推荐词

桌面级微小型反应堆电池超越了现有微堆理念，可以进一步缩小装置尺寸，可以大大促进军事国防、太空探索、海洋利用等领域的重大发展，为核动力发展引入新鲜血液，产生较大的科技经济和社会效益。

问题描述

核能的最大特点是能级密度高，小型核动力装置具有不可替代的优势，将传统的核电和核动力反应堆微小型化是国内外研究的热点。但是目前技术只能做到车载级别微小型反应堆，将反应堆动力装置进一步微小型化是一个迫切且重大的工程技术难题。目前，以西屋公司 eVinci 和美国航空航天局的 kiloPower 为代表的微小型反应堆均采用了热管式反应堆形式。热管反应堆是将热管技术与微型反应堆相结合的能量传输系统，其一般采用整体式固态堆芯，核燃料元件与热管同时安装在固体基体上。通过将热管插入反应堆堆芯，可实现从堆芯到热电转换装置的"静态"能量传输，取消了传统反应堆系统中（如泵相关）的活动部件，从而大大提高了可靠性。但是受到反应堆临界、物理、热电转换装置的限制，热管式反应堆很难再进一步缩小。有必要对微小型反应堆进一步创新，进一步缩小装置尺寸，获得更广阔的应用范围。如将堆芯与热管进一步融为一体，利用碱金属作为冷却介质，同时与 AMTEC（碱金属热电转换技术）耦合，以超越现有微小型反应堆，从而实现桌面级的微小型反应堆电池。

问题背景

微小型反应堆是一种独特的小型反应堆系统，通常其热功率小于 20MW，电功率小于 10MW。其主要用于满足宇宙空间、海洋、军事基地等特殊应用场景的电力或动力需求。与传统反应堆相比，微型反应堆在功率、尺寸、重量等方面都显著减小，其主要特点包括可进行工厂预制、装置可运输、运行自调节等；在系统设计上大为简化，可实现不同应用环境下快速安装部署，从而可广泛应用于各类偏远地区的能源保障。目前，微小型反应堆具体应用包括空间反应堆电源、深海核动力电源、车载式反应堆电源等。由于其战略意义，发达国家一直对我国进行技术封锁。

最新进展

现有的微小型反应堆通常为车载级，多采用热管式反应堆，除西屋公司与美国航空航天局等机构外，国内多家单位也在进行这方面的研究，但是继续采用原有理念难以继续缩小装置尺寸。上海核工程研究设计院有限公司提出的碱金属反应堆电池等新技术超越了现有微小型反应堆理念，可以在保证较大功率的情况下，进一步缩小装置尺寸。

重要意义

本问题突破后可以大大促进军事国防、太空探索、海洋利用等领域的重大发展，形成新一代的国之重器，为核动力发展引入新鲜血液，产生较大的科技经济和社会效益。

21 如何实现面向大规模集成光芯片的精准光子集成

中文题目 如何实现面向大规模集成光芯片的精准光子集成

英文题目 How to Realize the Precision Photonic Integration for Large-Scale Photonic Integrated Circuits？

所属类型 产业技术问题

所属领域 新一代信息技术

所属学科 电子、通信与自动控制技术

作者信息 陈向飞　南京大学现代工程与应用科学学院

推荐学会 中国科协信息科技学会联合体

学会秘书 郑伯龙

中文关键词 光芯片；光通信网络；光电子器件；精准光子集成

英文关键词 Photonic Chip；Optical Networks；Optoelectronic Devices；Precision Photonic Integration

推荐专家 王一然　中国宇航学会副理事长兼秘书长

专家推荐词

以面向大规模集成光芯片的精准光子集成为重要核心竞争力之一的中

国思路不仅可以推动中国光芯片的发展，对培养面向光通信网络的集成电路和相关网络设备产业链也有极大的支撑作用。

问题描述

类似于大规模集成电路对于整个信息产业的基础性作用，大规模集成光芯片也是未来信息领域的核心支撑技术，是光芯片发展的巅峰，在信息与通信、国防安全、能源、健康医疗等多个领域具有深远的市场和战略意义。大规模集成光芯片仍面临巨大挑战，无论世界上第一个实现规模商用集成光芯片的美国 Infinera 公司还是硅光集成技术领导者之一、美国著名的 Intel 公司，其产品的集成度都非常有限。至今全球还没有可大规模量产的集成光源的大规模集成光芯片产品。这对于我们是一个难得的历史机遇和机会。大规模集成光芯片一般是并行集成光芯片，需要对光波长精准控制。虽然集成光芯片中的单元器件比现有集成电路的集成晶体管大得多，但要满足常规标准 1nm 以下的波长控制精度，需要加工达到亚纳米级精度，当前传统加工工艺难以在量产情况下保证。如果对波长光响应结构进行精准调控难以实现，成品率将呈指数级下降，实用化大规模并行集成光芯片的实现就存在巨大障碍。

问题描述

要实现高性能、大规模并行集成光芯片，对波长光响应结构的精度要求极高，当前最先进的半导体加工工艺也无法满足量产要求。因此，如何设计和制作能够实现精准波长光响应的集成光结构，成为实现未来大规模集成光芯片的关键之一，也是我国产业突破的关键问题。而国外由于传统技术限制，在精准光子集成上既没有深入研究，也没有成熟的解决思路和方法。"精准"代表了一种先进竞争力，如精准医学、精准农业，因此提出并研究面向未来大规模集成光芯片的精准光子集成，不仅符合光芯片自身的发展规律，具有在集成光器件上实现让"世界享受中国带来的核心产业成果"的较大可能性，更是在复杂国际形势下发展自主优势光芯片产业链的历史机会。

问题背景

实现高性能大规模集成光芯片面临挑战。当前集成光芯片主要有两种成熟材料体系：一是三五族化合物半导体，二是硅基材料。化合物半导体可以应用于激光器、调制器、探测器和无源器件等几乎所有的光子器件，但存在成本贵、多器件单片集成工艺难度大等问题，要在化合物半导体上实现大规模光子集成难度极大，至今无良好解决方案。硅基集成可以依赖工艺成熟度极高的 CMOS 工艺，大规模制造成本低。但硅还不能高效发光，无法在硅上单片集成。而采用把有源化合物半导体和硅异质材料键合的方法实现光的放大，从 Intel、欧洲 IMEC/ 根特大学等这些顶级硅光公司和研究机构推出的产品或者发表的成果来看，技术和工艺远没有成熟，挑战依然巨大。

最新进展

因为可以和微电子的 CMOS 工艺兼容，硅光集成被认为是实现大规模光子集成的最佳技术。在光芯片中，要实现大量光的传输和处理，必须集成大量的光源，光源对于光芯片来说，相当于大飞机的发动机 / 引擎，不可或缺。但是由上所述，至今仍无成熟的硅光光源，硅基大规模光子集成的实用化在传统思路下至今遥遥无期，像美国这样的先进国家和 Intel 这样优秀的半导体公司，至今也无能为力。另外，即使能够集成大规模光源，由于光芯片基本都是谐振器件，对于光波长敏感，如果大规模集成的光源其各个波长无法精准实现，混乱的波长也将使大规模集成光源无法正常工作，在此基础上的大规模光子集成芯片成品率随集成度提高而急剧下降，直到几近为零，无法实用化。能精准控制光波长的光源集成技术属于精准光子集成范畴。近年来，南京大学发展出了基于重构等效啁啾（Reconstruction-Equivalent-Chirp，REC）技术的集成激光器阵列（集成光源）制造新方法，其制造和传统技术完全不同，不需要进口的高端电子束曝光设备，仅需普通微米级光刻（完全可以采用国产设备）就可实现大规模低成本精准集成激光器阵列，波长精准度理论上比传统工艺可以好 2 个数量级，该成果是 2018 年国家技术发明奖二等奖的重要内容之一。为此，南京大学相关课题组在世界上第一次明确提出精准光子集成的概念，2019 年获得科技部"变革性技术关键科学问题"国家重点研发计划的支持。

基于精准光子集成，完全在国内最普通激光器芯片平台上，已经研制出面向 5G 等应用的可量产的 25Gbps 低成本可调谐激光器标准模块样品，并于 2021 年 6 月在标准通信设备上通过基本传输测试，连续 24 小时无误码、无丢包。至今全球没有一家公司能提供面向 5G 的低成本可调谐激光器成熟产品。

重要意义

光芯片被认为是 IT/ 通信产业的核心使能技术的关键。类似于集成电路，大规模光子集成是光子技术的巅峰。5G/ 后 5G/6G、人工智能、大数据等必然依赖大规模集成电路和大规模集成光芯片的双芯支撑。光芯片和集成电路一样受制于高端设备、材料和工艺，都是"卡脖子"所在。但是大规模集成光芯片和大规模集成电路发展情况明显不同，突破"卡脖子"瓶颈的方法也可以不同。除了模仿国外先进的已经实现的技术思路，努力做好"卡脖子"高端光芯片外，另外一种方法就是独辟蹊径，提出原创思路，实现"0"到"1"的更大突破。面向大规模集成光芯片的精准光子集成就是这样一个原创思路。

大规模集成光芯片在未来网络、大数据（如高速宽带传输和交换）和人工智能（如激光雷达）中具有颠覆性的能力。以精准光子集成为重要核心竞争力之一的技术思路不仅可以大大推动集成光芯片的发展，同时对培养面向光通信网络的中国特色集成电路和相关网络设备产业链也有极大的支撑作用。

总之，在"卡脖子"高端光芯片上，一方面在传统技术和产业上努力跟踪追赶，另一方面更要在大规模光子集成上另辟蹊径，集中和发挥中国优势力量，引导光芯片未来发展潮流。

22 如何开发针对老龄化疾病的医用人工植入材料

中文题目　如何开发针对老龄化疾病的医用人工植入材料

英文题目　How to R&D the Medical Artificial Implantable Materials to Meet the Needs of Aging–Induced Diseases?

所属类型　产业技术问题

所属领域　新材料

所属学科　材料科学

作者信息　欧阳晨曦　中国医学科学院阜外医院

　　　　　　陈　景　中国科学院宁波材料技术与工程研究所

　　　　　　余家阔　北京大学第三医院

　　　　　　杨永强　华南理工大学

　　　　　　高立东　北京化工大学苏州研究院

　　　　　　赵　宏　北京化工大学 / 北京化工大学苏州研究院

推荐学会　中国生物医学工程学会

学会秘书　王　辉

中文关键词　医用材料；生物相容性；老年疾病；植入医疗器械

英文关键词 Biomedical Material；Biocompatibility；Aging Diseases；
Implantable Medical Devices

推荐专家 胡盛寿 中国工程院院士
杨国忠 中国生物医学工程学会顾问

专家推荐词

随着我国老年化现象越来越严重，很多与老年化有关的退行性疾病，比如心血管疾病、骨关节病等，发病率会逐年升高。而面对这些重要器官的"老化"，目前主要的解决办法就是"人工材料"替换，比如心脏瓣膜置换、人工血管搭桥、关节置换等。但是我国这类高端植入医疗器械市场一直被国外进口产品垄断，尤其是这种可以代替人体组织的"人工材料"一直是"卡脖子"产品，几乎完全依赖进口。一旦被外国限制进口，将会导致我国大量的医疗器械企业倒闭。比如国内的心脏支架公司，其镍钛合金的管材必须靠进口；国内人工关节产品所需核心部件陶瓷球头或陶瓷摩擦副等，完全被进口产品垄断。针对日益严重的老龄化疾病，必须迅速提升我国在基础人工植入材料领域的研发和转化水平，开发新型功能性医用高分子材料。比如用可缓释抗凝血物质的高分子材料做成人工血管或心脏支架；利用金属 3D 打印技术，结合先进的个性化设计理念，打造高技术含量的国产骨科产品等。高端医疗器械的核心材料是整个行业的底层技术，如果我们依然采取"拿来主义"，那么可以预见在不久的将来，会有无数个大型医疗企业受制于人。

问题描述

医用植入材料有如计算机领域里面的"芯片"产品，是整个医疗器械领域的"卡脖子"工程。中国在医用原材料领域的基础非常薄弱，很多产品几乎为零，比如高纯度医用聚氨酯、镍钛合金管材等。由于医用高分子材料长期被欧美垄断，价格极其昂贵，比如工业级的普通聚氨酯价格在10000元/吨左右，美国一款用于人工血管的医用聚氨酯卖到32000/千克，是工业产品的3200倍。尽管如此，随着中美贸易战的升级，医用材料作为战略管控物资，已经被列入美国对华限制的清单内，一旦执行，中国将有大量的医疗器械企业"无米下炊"。

针对未来人口老龄化带来的大量心血管疾病的治疗需求，开展高端功能性心血管植入医用高分子材料及器械研发迫在眉睫。针对现有用于人工血管、心脏瓣膜以及心脏支架的医用高分子材料生物相容性、物化性能匹配性、抗老化性及器械使用中的耐用性等瓶颈问题，研究新型功能医用高分子弹性体合成，通过分子结构基因调控，实现材料性能的全面提升；同时，深入研究医用高分子材料的表面/界面，发展表面改性技术及表面改性植入器械。基于此，扩展相关植入器械的应用范围，支撑医用高分子材料的发展。

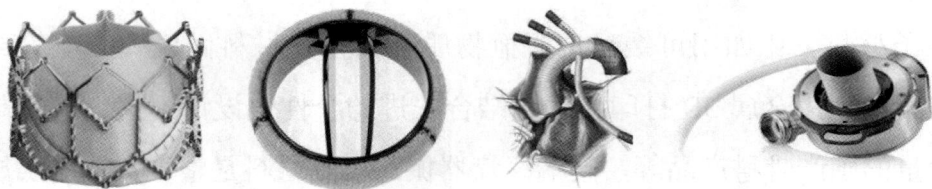

介入瓣膜，机械瓣、人工血管、人工心脏

同时基于金属3D打印技术，实现骨科植入物假体和手术导板的个性化设计和生产，并应用于临床手术，实现国人骨科假体的高度适配，从而极大改善骨科术后效果，快速摆脱国产骨科植入物产品在国内市场中的竞争劣势。从源头解决金属3D打印设备和材料生产问题到个性化膝关节假体及器械的设计、加工与质量控制问题，再到手术应用与临床评价等问题，移除产业环节之间的障碍，同时建立完善的标准和评价体系。

另外，围绕我国对人工髋关节需求剧增，而核心部件陶瓷摩擦副全部依赖进口且面临高技术壁垒的现状，开展高性能、良好生物相容性的氧化铝陶瓷髋关节摩擦副产品产业化技术攻关。针对陶瓷摩擦副产品的制造这一多学科交叉技术体系，从原料粉体到陶瓷制备、从毛坯加工到制品烧结及精密磨削成品加工等工艺技术过程存在的瓶颈问题，研究陶瓷专用原料粉体的制备和改性，在坯体烧结机理等研究基础上结合成型模具的开发和改进，研发高精度高效率磨削加工工艺，研制规模化生产技术及专有装备，针对产品批量化、稳定性要求，研发关键控制技术及专用装备，并建立相应的生产与检验技术规范。同时，还可以扩展到相关的其他植入类高端陶瓷（髋、膝关节、陶瓷牙冠）医疗器械产品。

各国膝关节、髋关节置换手术总费用比较

■ 膝关节置换手术　□ 髋关节置换手术

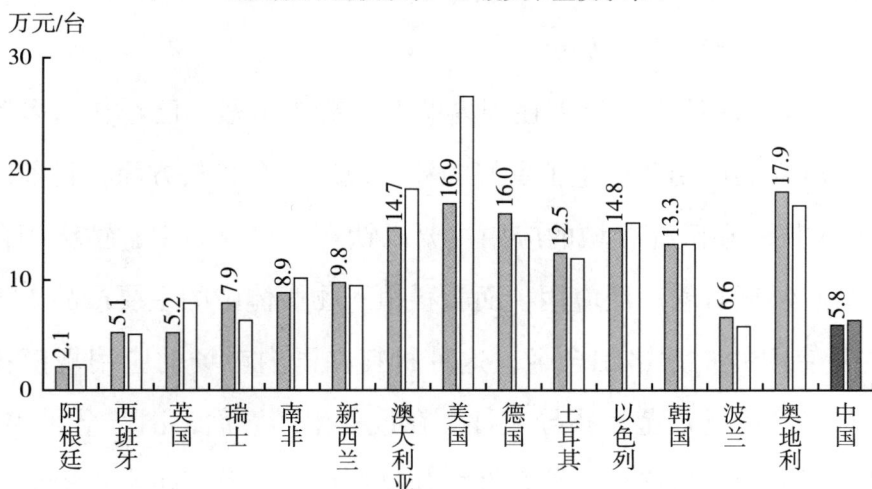

全球人工关节置换的价格对比

问题背景

2018 年以来，全球的生物医疗器械及材料相关产业的消费市场以北美最大，欧洲次之，亚洲第三。近年来，随着中国心血管疾病数量增加、人口老龄化日益增加等，亚太地区将成为生物医用材料增长最快的市场。根据中国医疗器械行业协会的统计，未来 5 年，我国医疗器械市场复合增长率为 30% ~ 40%，远超全球平均增速 22%。虽然我国已经实现了部分医疗器械产品的国产化，但是大部分高端植入医疗器械严重依赖外国输入，如人工心脏、人工血管、可降解支架、载药支架、人工关节等 90% 依赖进口。主要原因是目前国内还没有生产出能为这些高值耗材所用的高分子材料。同时，现有的植入医疗器械普遍存在老化、性能下降的问题，需要病患定期更换，二次创伤增加病患痛苦。植入医用高分子材料成为制约我国医疗器械产业化、提升医疗水平的"拦路虎"。近年来，一些优秀的生物医用材料企业陆续被国外巨头收购，产业层面的发展力量被进一步削弱。而且，美国已经将"生物材料"列入禁运清单，更是让我国医疗器械的发展出现了被"卡脖子"的局面。

金属 3D 打印技术近年来在国内的发展势头迅猛，已经在诸多领域获得广泛且深入的应用并产生了良好的社会效应。在材料方面，目前国内金属 3D 打印技术在医疗领域的应用主要以钛合金材料为主，钴铬钼合金材料则在口腔领域有着广泛应用，而骨科植入物假体中的主要产品人工关节假体主要使用的是钴铬钼合金，这种材料在国内市场的应用规模相对局限，材料生产缺乏规范性指导文件。在设备生产方面，国产金属 3D 打印设备具备明显的价格优势，综合性能与进口设备的差距也在逐渐缩小，在国内市场占有率逐年升高，挤占中低端应用市场，但国产金属 3D 打印设备的关键零部件，如激光器、扫描系统、软件控制系统等仍严重依赖进口。国内金属3D打印技术以及材料加工工艺等的基础理论研究能力相对薄弱，科研成果与产业需求不协调，产业化应用过程中过分崇拜进口品牌，忽视国内人才培养，普遍存在金属3D打印应用过程中的核心技术被国外"卡脖子"的局面。

目前国内面临人口老龄化压力，骨科手术数量连年升高，人工关节产品的市场需求量不断扩大。但同时，国内人工关节市场仍然以进口产品为主，国产人工关节产品占据中低端市场，多数产品仍以仿制为主，产品创新不足、缺乏竞争力。国内3D打印技术虽然在髋臼杯和椎间融合器等医疗植入体上已经实现商业化应用，但仍然沿用传统的标准化产品批量生产的模式，没有完全发挥出3D打印技术的灵活优势。

人工关节置换术被评价为20世纪最成功的骨科手术之一，近年来我国的陶瓷人工髋关节置换术的年增长率高达20%~30%，每年仅陶瓷人工髋关节置换手术已超过15万例。摩擦副产品（球头与髋臼）是人工髋关节系统中的最重要部件，也是唯一的活动部件，承载着人体每天成千上万次的运动。因此，人工髋关节假体的质量和使用寿命很大程度上取决于摩擦副材料的强度、磨损性能和部件的制造、配合精度。而摩擦副的材料性能和制造精度决定着人工关节假体的质量、存活率和使用寿命等。具有良好的亲水性、生物相容性和耐磨损性的全陶瓷摩擦副，已成为长寿命人工关节假体摩擦副的首选材料和技术发展趋势。目前国内临床应用的陶瓷摩擦副均为国外公司生产，由于进口产品价格昂贵，国内市场陶瓷球头、摩擦副的使用比例较低，国内部分患者只能选用金属球与聚乙烯摩擦副，面临着因使用寿命问题而需二次手术的潜在风险。因此，急需实现高性能、安全可靠的陶瓷摩擦副产品的产业化，打破国外公司的垄断，从而降低医疗器械费用，造福广大患者。

最新进展

目前，生物医用材料产业主要由美国、欧洲、日本等发达国家高度垄断，全球 70% 以上的市场份额由排名前 30 的公司占领。目前市场上的主要跨国公司包括美国强生公司、美敦力公司、美国雅培公司、德国贝朗医疗、荷兰帝斯曼公司等。美国占据了全球市场 39% 左右的份额；欧盟则是凭借其早先的经济基础和较为完善的医疗保障体系等优势紧随其后，占据了全球第二大市场，占整个市场份额约为 27%；亚洲地区是全球第三大市场，占据了超过 20% 的市场份额，其中日本占据了 10% 的市场。

2019 年，美国 3D 打印产业规模占全球比重 40.4%，位居第一，德国仅次于美国，中国位居第三，全球占比 18.6%。随着 3D 打印技术在国内市场应用的逐渐下沉，细分领域不断扩展，越来越多的外国品牌不断涌入国内市场。国内很早就开始探索金属 3D 打印技术在医疗领域的应用：以电子束熔融技术（EBM, Electron Beam Melting）为代表的 3D 打印技术已经成功应用与髋臼杯以及椎间融合器等医疗植入体上，取得了不错的市场反响；以激光为热源的激光选区熔化技术（SLM, Selective Laser Melting）在我国的市场应用程度也在不断深化，在航空航天、汽车、船舶、模具等领域均得到了越来越广泛的应用。近些年在口腔医疗领域，采用金属 3D 打印技术生产的个性化牙冠牙桥、义齿支架、个性化正畸托槽等产品取得了良好的市场效应，建立了完善的个性化医疗产品"设计—生产—应用"的商业模式，拓宽了包括钛合金、钴铬合金在内的医用金属 3D 打印材料的市场规模。这对金属 3D 打印技术在骨科植入物领域的应用起到了良好的示范效应。

目前全球仅德国的 CeramTec 等三家公司有氧化铝陶瓷球头或陶瓷摩擦副商业产品，国际市场完全被垄断，国内企业仅能制造如金属球头配伍超高分子聚乙烯髋臼摩擦副。高纯氧化铝陶瓷摩擦副（球头、髋臼）产业化制造具有很高的技术壁垒，市场高度垄断，价格昂贵，业界亟须具有我国自主知识产权的陶瓷摩擦副产品。

未来面临的关键难点和挑战：

（1）产业规模小、资金投入不足、研究经费缺乏、规模化生产企业尚未形成，产业化水平低，缺乏市场竞争力。

近年来，我国从事医用材料生产的企业，年销售额过 10 亿元的企业寥寥无几，上亿元的仅 30 家左右，销售额排名前 5 位企业销售额总和只占国内市场的 10% 左右。这其中，没有一家是"植介入医用高分子材料"生产商，医用高分子材料大部分还是进口产品。

在陶瓷摩擦副产品被完全垄断的情况下，要实现产业化技术突破，须掌握自主知识产权的规模化制备技术及装备，建立一条从原料粉体制备、成型加工工艺、假体关键配合设计到临床应用的产业链。面临着技术积累和产业化创新突破，产业链各部门环节的协调等问题。很多的科技成果停留在实验室阶段或企业研究经费不足停留在中试过程中，无法进行临床应用。目前大型国内企业或外企的人工关节厂商采购的陶瓷摩擦副都是来自 CeramTec 公司，要打破现有局面，需要国内关节厂商加入产业链，以及大量资金投入，实现产品的规模化和稳定可靠性。

（2）科技成果转化能力低，产业技术创新能力不强，产品技术结构落后，高端技术产品 70% 以上依赖进口，没有自主知识产权。我国生物材料科学与工程研究成果工程化薄弱、产业化水平低，80% ~ 90% 的成果仍在实验室阶段；企业规模小、研究经费缺乏。

（3）完整的产业链尚未形成。我国已向全球提供 60% ~ 70% 的低值医用耗材，却无医用级金属、高分子及其他高值耗材的供应商，也无通用基础原材料的国家或行业标准。

（4）缺乏产业化接轨机制，风险投资出口狭窄，融资渠道不畅通，缺乏成果产业化及企业技术改造资金。产业转化周期长、风险高、资金投入大。个性化膝关节产品主要逐一设计、逐一生产、逐一进行质量检测，这种小批量定制化的生产过程，需要掌握全工艺路线，品控难度很大，企业不仅需要投入大量资金，也需要承担较大风险。

（5）理论研究与产业应用之间仍存在障碍。3D 打印个性化假体的设计生产与临床应用既涉及患者解剖结构、骨关节运动与受力、假体结构设计、产品安全性分析、临床效果评估等诸多医学问题，同时也涉及金属材料加工工艺研究、3D 打印过程控制、材料成型机理与微观结构分析等材料科学问题。相关技术的科研成果与产业应用之间存在脱节，科研工作解决的问题并非产业应用过程的核心问题，产业技术的发展也缺乏科学方法的指导，这是未来急需解决的重要问题。

重要意义

（1）当前，用于高端植入医疗器械的高分子材料的研发 / 生产已经是迫在眉睫的工作。共性问题取得突破后，一是可以打破国外封锁和垄断，实现进口替代，让更多的患者使用到性价比更高的相关医疗器械；二是可以减少对国外技术的依赖，开展具有自主知识产权的各类相关产品的深化研究；三是扩大内需，有效降低医保费用的支出，减少患者的经济负担，甚至还可以反向出口，增强国家的软实力。保守估计，2030 年前后，高端植介入医用材料和植入器械可能导致世界高技术生物材料市场增长至大概 5 万余亿美元，与此对应，带动相关产业新增间接经济效益可达 5 万余亿美元。

（2）目前，国内骨科植入物中高端市场中进口品牌占据着垄断地位，即使进口的人工关节产品并不符合国人的解剖特点，医生和患者也愿意放弃一定程度的适配性而选择可靠性更高的进口产品，这说明国产骨科植入物，尤其是人工关节产品，在竞争力上存在明显不足。当前的人工关节产品都是通过传统制造工艺生产，国内起步较晚、追赶困难；而 3D 打印技术在国内发展势头强劲，与国外厂商差距较小；另外，目前国内人口老龄化趋势明显，人工关节置换市场潜力巨大。利用当前的良好时机，将金属 3D 打印技术与个性化人工关节置换手术等骨科手术深度融合，推动个性化骨科植入物、个性化人工关节假体产业转化，形成示范效应，从而带动国内相关领域的科研与产业发展，增强国内医疗企业的创新积极性，在骨科植入物高端产品开发领域形成良性发展机制。

（3）国内强烈的市场需求与增长表明，人工关节产业具有显著的经济效益和市场前景。突破解决全陶瓷摩擦副的规模化产业化制造存在的"卡脖子"难题，有望打破外国企业的封锁和垄断，实现国产替代，让更多的患者使用到性价比更高的医疗器械，也必将拉动更为巨大的相关医疗器械产业链技术、市场的发展，促进产业升级转型。同时将奠定我国高性能人工植入体陶瓷材料和产品研发的技术基础和产业基础，提高经济效益和社会效益，造福广大病患。

23

如何开发融合软体机器人与智能影控集成技术的腔道手术机器人产品

中文题目　如何开发融合软体机器人与智能影控集成技术的腔道手术机器人产品

英文题目　How to Emerge the Soft Robotics and the Intelligent Inter-Operative Imaging-Control Integration, to Develop Minimally-Invasive Natural Orifice Surgery Robot Product？

所属类型　产业技术问题

所属领域　高端装备

所属学科　生物医学工程

作者信息　王　磊　中国科学院深圳先进技术研究院

推荐学会　中国生物医学工程学会

学会秘书　王　辉

中文关键词　微创手术机器人；医学人工智能；软体机器人；高性能医疗设备

英文关键词　Minimally-Invasive Surgical Robot；Medical AI，Soft Robotics；High-Performance Medical Devices

推荐专家　郑海荣　中国生物医学工程学会副理事长

专家推荐词

经腔道软体微创机器人将成为经腔道精细手术、超个性化药物精准给药、软组织微损伤切除缝合、精准靶向及近距离放射治疗等先进医疗技术的重要实现载体。希望科研部门早日布局，早日实现我国新型微创手术机器人关键技术与产品开发的弯道超车。

问题描述

微创手术的宗旨是在治愈疾病的基础上，把手术本身给患者造成的创伤降到最低，与机器人及人工智能技术的结合是近年来微创手术的发展趋势。"达芬奇"微创手术机器人是当前全球应用最广泛的治疗机器人系统，代表着机器人手术的先进水平。目前使用的临床手术机器人产品主要适用于妇科、泌尿科、胸腔、心脏和普通外科，但是由于：①很多组织损伤和癌症肿瘤等存在于体内深处，很难通过体表切口的方式触达；②机器人系统压力、扭转等触觉功能的缺失，导致机器人手术学习曲线长、成本高昂；③多孔/单孔操作有可能导致肠道、膀胱、血管等人体组织器官损伤及交叉感染等因素，经自然腔道的微创手术机器人逐渐得到重视。经腔道机器人通过胃、结直肠、阴道、膀胱、食道、呼吸道、血管等自然腔道进入胸腔、腹腔进行手术，手术后患者腹壁没有手术刀口和瘢痕、无切口感染，目前的系统主要采用从体外延伸至体内的狭长器械，存在可达范围有限、柔顺性差、伸缩弯曲能力有限、器械功能局限等瓶颈问题，因此术式受限且难以推广。

问题背景

现阶段，随着生物医学工程、新材料、机械电子新技术的交叉融合，软体机器人逐渐成熟，它是一类由软体形变材料及相应控制系统构成的机器人，具有更适应人体内环境、对人体组织损伤小的先天优势。本项目实现了将软体机器人技术与经腔道手术创新性的相结合，智能化、微型化的软体手术机器人可以直接进入自然腔道实施治疗，具有形态多变、刚度可调、人体适应性好、可扩展性强等特性，可以提升手术质量和治疗精准度、降低治疗风险和医护人员工作强度，创新软体手术（Soft Surgery）范式，开发自然腔道手术机器人产品，为现代临床手术治疗提供技术变革。针对急/慢性鼻窦术式、食道/气管狭窄及闭锁治疗、呼吸道及消化道肿瘤活检及根治术、肠镜诊疗一体化、肿瘤的靶向手术治疗、外周血管介入治疗血管瘤或恶性肿瘤、腔道介入放射性粒子植入及内照射放射治疗多种临床应用场景的腔道软体微创治疗机器人系统，已经开始临床应用示范及医疗注册证申请。

最新进展

目前国内外对经腔道软体微创治疗机器人的研究工作大部分还集中在应用基础研究，部分细分领域适应症产品已通过临床试验，走向示范应用和市场推广，但仍需深入研究软体机器人技术的临床应用潜力。国外研究最为成功的是美国卡内基·梅隆大学的 Flex® Robotics System，它是第一个获批美国食品药品管理局批准用于经口腔微创手术的机器人辅助手术平台；直觉外科公司的 ION 平台也成功获得美国食品药品管理局批准进入商业化。在前沿技术方面，英国伦敦大学国王学院开发的仿章鱼触须手术机器人能轻松进入人体，并绕过人体内脆弱的器官抵达患处，已在人体尸体上成功进行了试验；帝国理工大学的 i-Snake 和美国范德堡大学的 Snake-Like Robots 均已完成动物实验。国内经腔道软体微创手术机器人尚无产品问世，但我国科研人员已形成一定的自身研究特色和优势，北京协和医院与北京航空航天大学联合研发的经尿道电切镜机器人完成了临床前动物实验，上海交通大学医疗机器人研究院进行了样机开发及实验验证；中科院深圳先进院医疗机器人团队完成了初步的样机开发和技术积累。经腔道手术作为潜力巨大的手术方式，是近年来国际上临床研究的重点关注对象，我国外科医生也已在此领域积极开展工作，具备了丰富的临床积累。因此，国内外在腔道软体微创治疗机器人的研发已势在必行。

重要意义

目前手术机器人市场主要被欧美国家垄断。美国"达·芬奇"手术机器人是全球应用最广泛的手术机器人，价格昂贵，中国市场价约 2000 万元 / 台；英国的通用型外科手术机器人 Versius 系统于 2019 年上市，价格约为"达·芬奇"的一半。"十三五"以来，在科技部等部门的支持下，我国微创外科手术机器人研发取得了一定成果，代表性的手术机器人如天津大学"妙手"手术机器人系统已完成临床实验获得国家药品监督管理局注册证，已与"达·芬奇"系统展开竞争；天智航的"天玑"骨科手术机器人已上市，性能与国际同类骨科机器人产品并跑；"睿米"神经外科手术机器人已获国家药品监督管理局批准。我国微创外科手术机器人领域部分产品现已实现跟跑或领跑，但是在经腔道手术机器人细分领域，国外部分样机系统已进入临床并审批美国食品药品管理局认证，相比国外，我们的研发进度略显迟缓。希望政府部门尽早立项支持，避免价格和产权保护受制于人。

经自然腔道实现患者超微创手术的软体微创治疗机器人作为医疗机器人领域"皇冠上的明珠"，是国内外产业界的研发和产业化重点。本需求对标世界前沿，在核心部件、关键技术、机器人集成和临床应用研究等层面进行创新，实现经腔道手术的技术变革，确立我国在相关医疗技术上的领先地位，服务人民健康。经腔道软体微创治疗机器人将成为经腔道精细手术、超个性化药物精准给药、血运重建、软组织微损伤切除缝合、精准靶向及近距离放射治疗等先进医疗技术的重要实现载体，具有重大战略意义。此需求涉及学科范围广、技术难度大，必须在政府主导下由科研单位和临床医院密切合作方能完成。现在腔道软体机器人技术全球基本处于同一起跑线，为避免国外技术垄断，希望政府相关部门早日布局支持相关科研团队抢占软体手术技术制高点或实现技术领跑，早日实现我国腔道软体微创治疗机器人关键技术与产品开发的弯道超车。

24 如何开发大规模低能耗液氢技术和长距离绿氢储运技术

中文题目	如何开发大规模低能耗液氢技术和长距离绿氢储运技术
英文题目	How to Develop Large Scale and Low-Energy Liquid Hydrogen Technology and the Study of Storage and Transportation of Large-Scale, Long-Distance Green Hydrogen
所属类型	产业技术问题
所属领域	新能源
所属学科	化学
作者信息	李 浩 中国石化工程建设有限公司
	童凤丫 中国石油化工股份有限公司上海石油化工研究院
推荐学会	中国能源研究会
学会秘书	王伯钊
中文关键词	液氢；绿氢储运；国产化设备和技术；低能耗
英文关键词	Liquid Hydrogen；Green Hydrogen Storage and Transportation；Localized Equipment and Technology；Low Energy Consumption

推荐专家　史玉波　中国能源研究会理事长

　　　　　　陈海生　中国科学院重大科技任务局副局长

　　　　　　毛光辉　国家电网有限公司设备部副主任

　　　　　　田晓清　中国华能清洁能源技术研究院原副院长

　　　　　　孙正运　中国能源研究会副理事长兼秘书长

专家推荐词

通过联合技术攻关，突破正仲氢催化转化、液氢罐、液氢泵、膨胀机、有机物储氢载体等液氢生产储运过程工艺及装备"卡脖子"技术。大力推广液氢、有机液体储氢项目落地，充分释放液氢、有机液氢储氢在氢能产业中的独特优势，能够大幅度降低氢气储运成本。这不仅有利于提升国产高端装备制造水平，同时可助推氢能社会建设，提前实现碳中和、碳达峰目标，具有显著的经济、生态和社会三重效应。

问题描述

据了解，全球目前已经有数十座液氢工厂，总液氢产能 480 吨 / 天。全球近 500 座加氢站中液氢储氢型加氢站占比三分之一，北美占了全球液氢产能总量的 85% 以上。美国本土已有 15 座以上液氢工厂，液氢产能达 326 吨 / 天，居全球首位，加拿大还有 80 吨 / 天的液氢产能也为美国所用；欧洲 4 座液氢工厂液氢产能为 24 吨 / 天。亚洲有 16 座液氢工厂，总产能 38.3 吨 / 天，日本占了三分之二。

我国液氢主要用于航空航天等领域，民用液氢方面几乎是空白，远远落后于发达国家。陕西兴平、海南文昌、北京 101 所、西昌基地等总产能仅有 4 吨 / 天，数量和产量落后于欧美国家。

民用液氢的研发和使用亟待推进。科技部在 2020 年"可再生能源与氢能技术"重点研发专项指南中提出，研制液化能力 ≥ 5 吨 / 天且氢气液化能耗 ≤ 13kWh/kg 液态氢的单套装备，对标国外主流大型氢液化装置性能。立项目的就是尽快缩短我国与发达国家的差距，力求早日实现液氢大规模产业化。

目前，液氢所用到的液氢罐、液氢泵、膨胀机等设备严重依赖进口，导致液氢装置投资居高不下。与国外相比，国内已有液氢装置的规模普遍偏小，且液氢能耗偏高。

技术方面，由于我国在液氢发展方面起步慢，液氢的加注、装备的性能、大规模工程化降本等和国外仍有一定差距，核心零部件、阀门、控制元器件、液氢泵等仍未拥有核心技术。

美国一直对中国进行技术禁运，禁运与大规模液氢生产和储运相关的系统装备和组件、测试检测与生产装备、材料、工艺技术等，也限制其盟国向中国出售设备和技术。

另外，液氢产业相关配套设施还不健全，相关的标准和规范比较缺乏，国家和地方产业政策不完善，这些因素都限制了液氢产业的进步和发展。

目前氢气的储运方式主要有高压气态、低温液态、固态和有机液体储氢。其中高压气态储运效率低、安全性差，只在 300 千米范围内具有一定经济性。固态储氢的密度较小，低温液态和有机液体储氢密度大、安全性高，在长距离运输时成本只有气态氢的 1/4，并且氢以有机液体的形式储存，风险与运输柴油相当。

针对大规模长距离运输，可在产氢地通过加氢装置将绿氢储存到有机液体中，通过陆运、海运、管输等多种形式将氢能集中输送至用氢地，在用氢地建设区域制氢站，然后耦合高压气态氢气储运技术，将氢气就近运输到各用氢点，该技术安全可靠、效率高，可适应不同场景下的氢气运输，技术障碍小，储氢液能重复使用，且能最大限度使用现有油气储运设施，加氢、制氢和运氢设备较为成熟，综合投资低，便于大规模推广使用，是实现绿氢长距离运输的重要技术之一。

问题背景

氢气被认为是 21 世纪的终极清洁能源，各国高度重视，并将氢能发展提升到国家战略发展高度。我国是产氢大国，丰富的工业副产氢可以充分保证氢燃料电池产业所需的氢源。常见的氢气输送主要有四种方式：一是高压气态运输；二是管道输送；三是低温液氢输送；四是固体或液体储氢运输。其中，高压气态储运是目前最常见的氢气储运方式。相较于高压储运，液氢储运具有运输成本低、氢纯度高、计量方便等优势，更适合大规模部署和输运。气态氢需要降温到 −253℃形成液态，密度 70.8 千克 / 立方，一吨液氢可汽化成 1 万多立方米氢气。且在 −253℃低温下，除了氦、氖稀有气体之外的所有气体杂质都会凝固分离，液氢汽化可以获得 6N（即 99.9999%）及以上的超纯氢。成本方面，高压气态储氢运输成本高昂。据了解，国内标准规定长管拖车气瓶公称工作压力为 10 ~ 30MPa，运输氢气的气瓶多为 20MPa。在 20MPa 高压气态下，1kg 氢气运输成本将近 10 元 / 百千米。当副产氢成本在 10 ~ 15 元 /kg 的情况下，要达到站售氢气成本低于 35 元 /kg，高压气态氢仅适用于 200 千米以内的短途运输。运输距离超过 200 千米时，液氢的运输和能耗费用之和将低于高压气氢。数据显示，液氢运输成本仅为高压氢气的 1/8 ~ 1/5。缓解氢能供需错配，未来长途运输将依靠低温液氢。

液氢和有机液体储氢解决了氢气长距离运输成本高问题。但是，液氢生产过程中的能耗较高，由于其温度低、分子量小、材料氢脆及低温下材质性能的变化，对设备、控制要求极高，限制了其大规模推广。另外，有机液体储氢技术需要优选质量轻、载氢量大、易于加氢和氢气脱除的有机液体。开发长使用周期、高效加氢/脱氢催化剂，低能耗、短流程工艺，确保有机液体的多次循环使用以及氢气的快速释放是该技术开发的重点。

最新进展

国家双碳战略目标的提出，加速了氢能相关产业的快速发展，尤其是在液氢技术开发、核心设备攻关方面取得了长足的进步，但与国外相比还有差距。

浙江嘉兴是国内最热衷于液氢项目的地区之一，嘉化能源、美国 AP 公司、德国林德公司已分别在嘉兴投资建设液氢项目，在解决长三角地区的氢源问题方面贡献颇多。

2020 年 12 月，鸿达兴业氢液化工厂项目生产的液氢，从乌海顺利运抵广州，跨越 2500 多千米，完成了国内首次实现的民用液氢超长距离运输。填补了我国在民用液氢方面的空白，推动了我国液氢产业的发展。

中石化巴陵石油化工有限公司和湖南核电有限公司共同投资 11 亿元，建设国内首座液氢工厂，产能 60 吨/天。如果建成，将成为我国产量最大的液氢工厂。

2021 年 2 月，重塑集团、佛燃能源、国富氢能、泰极动力四大企业签署合作协议，合作推进"液氢储氢加氢站项目"，将助力佛山"国家级氢能产业示范区"建设。

除此之外，浙江海盐、河北定州、河南洛阳等地的企业也都在积极进行液氢民用化项目建设与探索，我国液氢正在掀起"民用"热潮。

应用有机液体储氢技术进行大规模长距离氢气运输，日本已经走出了示范路线。日本在文莱建设天然气重整制氢、有机液体加氢工厂，通过海运含氢有机液体至日本，在川崎建设脱氢厂，已于 2020 年正式运营，每年可运输 210 吨氢气至日本用于发电和交通领域。中石化在有机液体大规模运氢方面已经开展了研究工作，选择了合适的有机液体，开发了脱氢催化材料和脱氢装置工艺包，并建设了小型脱氢装置。有机液体储氢技术路线亟须建设示范装置，得到放大后的运行数据，优化反应器、催化剂和工艺包，考察储氢效率和经济性，为大规模应用打下基础。

重要意义

我国液氢生产及储运项目加速落地，掌握核心关键设备和技术至关重要。液氢的发展还将经历一个长期复杂的推广过程，企业的努力与国家的政策支持均不可或缺。国内正在开展自主液氢与深冷高压、有机液体储氢技术和装备的开发，加快液氢、有机液体储氢技术产业化实践，推动中国高密度高效率的液氢、有机液体储运加注技术进步。

解决了液氢核心设备、零部件等"卡脖子"技术后，低能耗、大规模液氢生产储运项目就可大力推广，充分释放液氢、有机液体储氢在氢能产业中的独特优势，大幅度降低氢气储运成本。这将极大提升国产高端装备制造水平，助推中国实现碳中和、碳达峰。液氢和有机液体储氢技术大有可为。

25

如何解决我国航空发动机短舱关键技术问题

中文题目	如何解决我国航空发动机短舱关键技术问题
英文题目	How to Resolve the Key Technology Problems for Our Aero Engine Nacelles
所属类型	产业技术问题
所属领域	航空航天
所属学科	航空、航天推进系统
作者信息	王光秋　西北工业大学
推荐学会	中国航空学会
学会秘书	林伯阳
中文关键词	航空发动机；推进系统集成；短舱系统；一体化设计优化
英文关键词	Aero Engine；Propulsion System Integration；Nacelle System，Integrated Design Optimization
推荐专家	李玉龙　西北工业大学民航学院院长、教授

专家推荐词

在中国航发的主导下和相关高校及科研机构的支持下，航空发动机的研制工作已经全面展开，但匹配航空发动机的短舱系统的研制还没有得到足够的重视，已经成为我国航空产业亟待解决的"卡脖子"问题。我国亟须启动新一代航空推进系统短舱一体化设计关键技术研究。

问题描述

我国分别在 2008 年和 2016 年组建了中国商用飞机有限责任公司（简称"中国商飞"）和中国航空发动机集团（简称"中国航发"），并先后开始全面实施国家重大科技专项"大飞机"项目和"航空发动机和燃气轮机"项目（简称"两机专项"）。我国民机和航空发动机产业的发展完全遵循国际航空产业发展规律：中国商飞聚焦于民用客机研制，中国航发开展相应的涡扇发动机研制，飞机与发动机相对独立研制，相互匹配与安装是通过飞机与发动机一体化设计和集成实现的。飞发一体化集成涉及飞机、发动机、短舱三个主要系统，其中发动机和包覆发动机的短舱一起构成飞机的推进系统。通常短舱是由独立于飞机和发动机制造商的第三方专业化公司研制的。

多年来，民用客机对短舱系统性能与功能的要求不断提高，其推进系统的短舱已经发展为独立于发动机和飞机制造商的高度专门化航空技术领域。目前，世界仅有美国 Goodrich、MRA 与欧洲 Nexcelle 等几家专业化公司生产短舱，而我国涡扇飞机短舱产品全部依赖进口。中国商飞研制的 ARJ 和 C919 等客机的短舱均由上述供应商提供。我国民用航空产业发展基础差、起步晚，与世界先进水平差距较大。我国落后的民机产业也极大地制约了短舱系统的技术发展，导致我国没有短舱系统专门化生产或科研机构。近年来，我国航空产业在"大飞机"项目与"两机专项"的牵引与驱动下，发展突飞猛进，初步形成了相关领域的产业布局，并形成产学研联合发展的趋势。然而，我国推进系统短舱设计能力严重不足的现状仍然没有得到改善，已成为潜在制约我国航空产业发展的主要风险因素之一。短舱研制技术已被《科技日报》等主流媒体列为制约我国工业发展的35项"卡脖子"技术之一。由于在航空领域的重要性，短舱已经成为我国航空产业亟待解决的"卡脖子"问题。所以，我国亟须启动新一代航空推进系统短舱一体化设计体系及关键技术研究。

问题背景

短舱的主要功能是包覆发动机，减少飞行阻力，降低噪声，并保障发动机被异物撞击后的飞行安全性。短舱还具有防除冰、灭火、排液等特定功能，以保障发动机在各种飞行条件下不受干扰正常工作。所以，短舱系统对提高飞行效率和保障飞行安全至关重要。短舱研制涉及复杂系统有限空间内材料、气动、结构、电气控制系统多学科集成和优化，短舱研制团队应掌握推进系统基础关键技术，并构建多学科系统集成与优化设计体系，才能有效地开展航空推进系统短舱的研制工作，解决制约我国航空推进系统发展的这一重大产业与技术问题。

最新进展

鉴于国内航空发动机产业基础薄弱，特别是涡扇发动机自主研制的型号较少，在短舱领域没有技术突破或创新的相关报道。而近年来，国外在短舱领域的研制中又有了较大进步，特别是在：层流气动设计、复合材料取代金属材料、一体化成型取代多块拼接、电力防除冰和防火以及多学科优化等领域进步显著。我们建议主要分两步走，解决我国航空推进系统短舱研制这一重大产业与技术问题。首先针对航空推进系统短舱研制的需求，致力于多学科系统集成与优化设计体系的研究。短舱系统研发包含结构设计、气动综合优化、电气系统集成等多个技术领域，学科相互融合交叉性强。拟重点解决以下 3 个方面的核心关键技术问题：

1. 短舱结构多学科协同结构设计方法

（1）构建短舱结构、重量、功能多维度交叉设计流程，建立飞发一体化的短舱结构、气动、电气系统的多学科协同结构设计方案；

（2）构建高精度三维数字化仿真计算模型，开发复杂短舱结构真实尺寸三维可视化虚拟仿真设计流程；

（3）以短舱复材结构轻量化和高损伤容限为优化设计目标，建立新型复合材料蜂窝结构多功能一体化设计方案，并开发关键制备技术和工艺。

2. 短舱系统气动及噪声优化设计方法研究

（1）提出层流降噪短舱外形综合设计方法，解决复杂结构约束下优化设计问题；

（2）开展叶栅式反推装置反推气流与机翼、机身耦合机理及流动控制规律研究，开发高效叶栅式反推装置的一体化设计方法；

（3）开展风扇叶片、导向器、声衬一体化降噪数值模拟及风洞试验研究，探究声衬降噪的气动声学传播机理，提出进气道降噪声衬布局优化设计方法。

3. 多变量电气系统集成方法研究

（1）探究机械结构、流体场、温度场对短舱内部传感器精度和电气控制系统可靠性的影响机理，并提出综合考虑多种限制因素的电气系统集成设计方法；

（2）确立短舱电气控制系统多变量输入输出关系，开展高可靠性和鲁棒性最优控制系统方法研究；

（3）研究短舱电气系统电磁干扰抑制方法，开展不同机械结构、气动外形对系统电磁干扰的影响研究。

在解决以上关键核心问题的基础上，利用所开发的理论方法和计算与优化流程，开展针对性的工程短舱设计工作。结合相关专家在国内外多年从事航空发动机短舱研制的经验积累，针对国内急需的中小型涡扇推进系统，开展短舱系统的设计优化和验证工作，逐步掌握独立设计与开发新一代航空推进系统短舱的全面研制能力。

重要意义

根据中国商飞发布的《2019—2038 年民用飞机市场预测》，未来 20 年，我国预计将交付客机 9205 架，价值约 1.4 万亿美元。推进系统占民航客机总价值的 1/4，短舱是推进系统的核心部件，其成本占推进系统的 1/4 左右，相应的短舱市场价值约 875 亿美元。此外，各类军用涡扇飞机也同样需要短舱。所以，我国航空推进系统短舱市场价值高、潜力大。

目前，我国没有专门研制完整短舱系统的机构或企业，但初步具备了民机反推系统以外的零部件研制能力。我国相关高校及科研机构开展了较多的短舱气动外形和降噪设计基础方法的研究，并取得了一定的成果。此外，我国在复合材料领域进行了大量的研究工作，已经基本掌握了航空复合材料结构的分析方法和制备工艺。在原材料制备和成型方法等领域也取得了较大进步，并具有较完善的复材结构件生产及检测设备。在航空复合材料研制领域，中航复材、商飞复材中心、江苏恒神等科研机构和企业已经发挥了重要作用，并积累了宝贵的经验。我国已初步掌握了部分短舱部件研制的技术基础、设计流程和加工制造方法。此外，西北工业大学民航

学院已组建了以航空领域海外高层次人才为核心的研究团队，在小推力涡扇发动机短舱验证机研制中取得了突破性进展。因此，我国基本具备开展该重大研究项目的相关基础和研究条件。

我国应瞄准这一"卡脖子"技术的战略需求，在"需求牵引、突破瓶颈"的思想指导下，开展短舱系统多学科集成优化设计体系与关键技术研究，并在此基础上结合相关专家所具有的国内外从事短舱研制工作的经验，开展中小型涡扇发动机的短舱系统验证机的研制工作。此外，拟获取的研究成果不仅在航空发动机短舱的研制中具有至关重要的作用，而且可推广用于其他涉及复杂系统多学科系统集成与优化的航空工程技术领域。这将为国产化短舱系统的研制奠定坚实的技术基础，对国家航空产业发展具有重要的战略意义。

26 如何突破耕地重金属的靶向快速经济安全减污技术

中文题目　如何突破耕地重金属的靶向快速经济安全减污技术

英文题目　How to Break through a Rapid, Economic and Safe *In-Situ* Remediation Technology for Targeted Reduction of Heavy Metal Pollution in Cultivated Farmland

所属类型　产业技术问题

所属领域　生物技术

所属学科　农学

作者信息　骆永明　中国科学院南京土壤研究所

推荐学会　中国农学会

学会秘书　马　晶

中文关键词　耕地污染；重金属；土壤修复；靶向功能材料

英文关键词　Farmland Pollution；Heavy Metal；Soil Remediation；Targeted Functional Material

推荐专家　张海林　中国农业大学教授

　　　　　　廖小军　中国农业大学教授

　　　　　　段留生　北京农学院副校长

刘春明　北京大学现代农学院院长

张爱民　中国科学院大学教授

专家推荐词

耕地重金属污染防治是国家重大需求。快速、安全地降低污染耕地中重金属有效态含量是国际性难题。创制土壤污染靶向功能修复材料，创新减量净化技术，促进土壤修复产业化发展，对改善土壤环境质量和保障农产品安全具有重要的科学与现实意义。

问题描述

耕地重金属污染是当前我国面临的最突出农业环境问题。近年来，党中央和国务院高度重视耕地重金属污染防治工作。加强土壤污染治理和修复、保障土壤环境安全是国家重大现实需求。长期以来，耕地重金属污染管控与修复以低积累品种种植、固化稳定化和植物吸取技术为主。然而，现有的低积累品种种植、固化稳定化技术并不能削减土壤中重金属含量，植物提取技术应用虽能减少重金属含量但耗时较长且易受生物地理气候限制。研发高效稳定、成本低廉、绿色环保的耕地重金属减量修复材料与物理化学净化技术是突破现有技术瓶颈、实现土壤环境质量改善和保障农产品安全的关键。例如，复合功能黏土、生物炭材料结合磁分离技术是目前可实现土壤中重金属总量削减的方向性新方法，具有环境相容性、强吸附性，原料易得并可通过简单的外部磁场快速富集分离，从而高效去除耕地重金属，具有创新潜力与应用前景。目前耕地重金属减量净化修复材料与技术研究虽然取得了进展，但减量净化修复产品、生产技术与应用设备缺乏，耕地重金属削减装备与联用技术尚有待开发，这些限制了减量净化功能修复材料及技术在耕地重金属污染治理中的应用，亟须开展相关创新研发。减量净化修复材料与技术的突破可为耕地重金属有效态含量的快速安全减少，为实现耕地质量改善和安全利用提供新思路、新材料和新技术。

问题背景

耕地重金属污染关系农产品质量安全和生态环境安全，受到各国政府和科学家的广泛关注，同时也是当前我国面临的重要农业环境问题。据估算，我国耕地重金属污染面积达亿亩。开展重金属污染土壤修复研究、保障产地环境安全是国家重大现实需求。如何修复耕地重金属污染，保障粮食作物安全生产，是当前土壤环境领域的研究热点和难点，也是实现乡村振兴，建设美丽中国的重要内容。重金属污染土壤的修复主要有两种策略：一是固定土壤中重金属，降低其环境风险；二是分离去除土壤中重金属，改善土壤环境质量。目前，针对耕地重金属污染的原位治理技术主要以固化稳定化和植物提取为主。固化稳定化具有投入低、效率高、简便快速等优点，但不能削减土壤重金属含量且存在二次活化风险；植物提取是一项成熟的绿色净化技术，但存在修复周期长和受植物生长条件限制而难以大范围推广等问题。因此，针对现有土壤修复技术存在的局限性，开发高效靶向传质功能材料，改善功能修复材料对重金属的捕获性能，实现对耕地重金属有效态的绿色经济减量净化修复，突破材料研制、材料应用设备与分离回收装置的全链条减污关键技术是亟待解决的核心问题。

最新进展

为开发耕地重金属的靶向快速经济安全减污技术，近年来，国内外研究者在重金属靶向捕获、相分离与绿色高效经济减量净化功能材料等方面获得了进展，主要有改性黏土矿物材料、生物炭材料、层状双金属氢氧化物（LDH）以及金属有机框架材料等。

基于黏土矿物的低成本和环境友好特征，天然黏土矿物在重金属废水和重金属污染土壤中发挥了重要作用。为拓展黏土矿物适用范围并提高其对重金属吸附性能，将磁性物质与黏土矿物复合形成磁性黏土复合材料，经过磁性修饰可以通过磁场实现与废水快速高效分离，对重金属具有较好的捕集效果，其在含重金属废水处理中展现出独特优势。通过对黏土矿物表面修饰官能团（巯基、氨基、羧基），可明显提高其对重金属的吸附能力。因此，将改性黏土矿物与磁性基质复合形成复合黏土材料，结合磁分离技术，也可能是实现土壤中重金属有效态含量削减的代表性新方法，并具有制备简便、便于分离、经济快速、绿色安全等优点。

可以将改性黏土材料、磁性四氧化三铁与天然高分子材料复合制备磁性复合黏土材料，得到带磁颗粒材料。试验研究表明，这种复合材料加入土壤后，由于其强吸附性并可通过简单的外部磁场快速富集分离，将土壤中部分易被植物利用的重金属从土壤中"取出"，从而减少土壤中重金属，进而"净化"土壤。例如，采用硅烷偶联剂修饰的四氧化三铁螯合捕获耕地中水溶态、交换态、碳酸盐结合态和铁－锰氧化物结合态的镉，再通过磁选分离将镉移除；又如，使用一种亚氨基二乙酸螯合剂修饰的磁性粉末材料对稻田、旱地和稻旱轮作示范耕地中的镉和锌进行处理，在旋耕－抛洒－回收等机械化处理后，可以使土壤中镉降低 2.2% ~ 12.2%，水稻籽粒镉降低 37.3% ~ 63.9%，但是磁性材料在土壤中的施用与回收效率有待提高。

近来，磁性生物炭材料因其兼具生物炭的高吸附性、生物炭可漂浮性和磁性备受关注。磁性生物炭材料在与土壤中重金属作用后，在有水条件下通过磁分离将材料收集。最近，有研究者尝试性地采用海藻酸盐与三价铁离子混合，通过凝胶和热解方法制备了磁性大孔生物炭球，可将土壤中有效态镉和总镉分别降低80%和50%，有效态砷和总砷降低55%和33%，并且具有较好的浮选和磁性，可以回收多次利用。

设计对重金属具有靶向捕获能力的吸附剂，关键是在材料上引入具有对重金属的特异性、高活性螯合位点。目前，一些新型靶向材料在重金属废水处理中已表现出很大的潜力。将 MoS_4^{2-} 离子插层 NO_3-LDH 可形成插层复合体 MoS_4-LDH，可以有效去除水中 Cu^{2+}、Pb^{2+}、Ag^+、Hg^{2+} 等重金属离子；将氨基、巯基功能基团引入到共价有机骨架上，形成官能团修饰的共价有机骨架材料，可在水溶液中高选择性地捕获 Hg^{2+}、Cd^{2+} 等。此外，聚合导电物如聚苯胺（PAN）和聚吡咯（Ppy）常被用于废水净化，阴离子掺杂 Ppy 基质与硫客体功能化时，可通过路易斯酸碱作用实现对重金属的高效吸附，如聚吡咯 $-Mo_3S_{13}$ 具有对 Hg^{2+} 高效捕获和选择吸附性。这可为从土壤环境中靶向去除重金属提供可借鉴的新思路。

综上，迄今针对受污染土壤实际减量修复的相关研究及应用还很有限。由于土壤中重金属形态多种化，土壤组成和性质异质化，复合材料基质多样化，材料属性差异化，复合功能材料的靶向选择性、土壤适用性、效果稳定性和使用后回收率及再生回用性都有待提高；不同土壤中磁性复合功能材料与重金属的作用机制尚待探明，现场效果评估方法有待建立，尤其是靶向性减量净化修复产品的规模化生产工艺与机械化应用装备亟须研发；此外，靶向修复材料与其他重金属削减材料的联用技术也有待开发。这些单一金属或多金属靶向减量净化材料、技术和装备的创新将极大推进土壤修复产业化的发展，并有力支持耕地重金属减污、土壤环境质量改善和农产品安全保障。

重要意义

污染耕地重金属减量净化修复材料与技术的创新及应用是实现土壤重金属含量削减的关键,可以解决长期以来以钝化剂或调理剂为主的传统固化/稳定化方法难以根除耕地重金属污染的难题。创制新型靶向减量净化修复材料(如磁性复合功能材料),因其使用不受气候因素影响、不破坏土壤理化性质,并可实现回收再利用,是攻克现有土壤有效态重金属减量技术瓶颈的关键。这种核心材料与关键技术的突破,不仅可为完成《全国农业可持续发展规划(2015—2030年)》中"保护耕地资源,防治耕地重金属污染"和党的十九大报告中提出的"强化土壤污染管控和修复""确保国家粮食安全"等重点任务提供新思路、新材料和新技术,而且可有力促进耕地土壤修复产业化发展。

27 如何利用风光水加快实现"碳中和"目标

中文题目	如何利用风光水加快实现"碳中和"目标
英文题目	How to Develop Solar-Wind-Hydro Power to Achieve Carbon Neutrality
所属类型	产业技术问题
所属领域	绿色环保
所属学科	能源科学技术
作者信息	王　浩　中国水利水电科学研究院
	杨永江　中国水力发电工程学会
推荐学会	中国水力发电工程学会、中国科协清洁能源学会联合体
学会秘书	胡丹蓉　李武峰
中文关键词	青藏高原；流域水循环；风光水能互补；碳中和
英文关键词	Qinghai-Tibet Plateau；Water Cycle in the River Basin；Solar-Wind-Hydro Power；Carbon Neutrality
推荐专家	张　野　中国水力发电工程学会理事长
	周建平　中国电建集团总工程师

专家推荐词

依托青藏高原独特的自然环境，突破优化风光水能互补开发关键技术，以流域水循环推动双循环，形成流域生态走廊和清洁能源基地，对于全面贯彻落实新发展理念，加快实现碳达峰、碳中和具有重要意义。

问题描述

应对气候变化是人类社会生存和发展所面临的最大挑战，我国将碳达峰、碳中和纳入生态文明建设整体布局，开发利用风能、太阳能、水能等可再生能源是实现"碳达峰""碳中和"的主要力量。由于风电、光电的随机性、波动性、离散性，需要配套储能设施才能被利用，而水电具有启停快、运行灵活和储能作用，因此，从突破风、光、水能互补开发走向太阳能光电氢能技术，是新时代实现清洁可再生能源高质量发展的必由之路。

青藏高原海拔高、面积大，被称为地球"第三极"，平均海拔超过4000米、面积约250万平方千米，下垫面光照条件好、感热加热能力强，在夏季形成了明显的高原"热岛效应"和"烟囱效应"，加强了南亚季风、东亚季风，将印度洋、太平洋的大量水汽，抽吸上青藏高原，形成了"亚洲水塔"，孕育了黄河、长江、湄公河、萨尔温江、恒河、印度河等大江大河，因此，青藏高原集"光塔""风塔""水塔"于一身，蕴藏了丰富的太阳能、风能、水能资源。我国这种独特的自然地理环境为风、光、水能互补开发创造了得天独厚的地利条件。

中国水电开发规模位居世界第一、开发技术世界领先，如何充分发挥水电的储能和调节作用，成为优化风、光、水能互补开发，实现我国清洁可再生能源又好又快发展的关键问题。

问题背景

我国科技工作者持续对青藏高原观测、科考、研究，逐步摸清了青藏高原对行星风系的阻隔和热力作用，以及成为亚洲季风气候发动机的机理。青藏高原独特的"光—风—水"循环规律，导致我国夏季风小、光差、水多，冬季风大、光好、水少，河川径流量60%～80%集中在夏季，因此，我国风光水能资源在季节分布上存在着天然的互补性。

季风气候使我国水旱灾害频发，如黄河历史上"三年两决口，百年一改道"，兴水利除水患是中华民族生存和发展的永恒主题。新中国成立以来，开发黄河水电约2000万千瓦，总库容约600亿立方米，使黄河安澜至今，用占全国2%的水资源量承载了15%的耕地、12%的人口，并形成了约4000万千瓦的风光水电力基地。

我国风力发电和太阳能发电技术持续进步，已处于世界领先地位，造价也普遍低于化石能源发电。风电、光电建设周期短，弥补了水电建设周期长的弱点，因此，风光水电力在投资上存在着互补性。

我国《"十四五"规划和2035远景目标纲要》提出，建设金沙江上下游、雅砻江流域、黄河上游等清洁能源基地，并出台"电力源网荷储一体化和多能互补发展"的指导意见，提出以先进技术突破和体制机制创新为支撑，构建以新能源为主体的新型电力系统，因此，充分利用我国风光水在资源、电力、投资上的互补性，努力突破风、光、水能互补开发的技术瓶颈，将促进清洁可再生能源高质量发展，推动电力产业清洁化、能源产业电力化，加快实现"碳达峰""碳中和"。

最新进展

我国风电、光电、水电等各行业全产业链世界领先，开发规模均居世界第一。在水资源综合利用领域，我国形成了"自然—社会"二元水循环理论，以及水电"流域、梯级、滚动、综合"开发的广泛实践，流域水电基地基本形成，"西电东送"的特高压电网已经形成。然而，依托已形成或正在建设的流域水电基地，基于流域内风、光、水能资源和变化规律，如何优化开发风电、光电、水电，形成一组优质电源的基础理论和优化模型还有待研究，存在以下难点和挑战。

一是建立青藏高原水资源综合开发工程技术体系。青藏高原水资源开发要以生态、减灾、发电等综合利用为目标，进行河流梯级开发规划、工程设计、运行调度，实现生态建设的产业化和产业发展的生态化。这不仅涉及生态环境和资源能源领域，还交叉融合了水文、气象、生态、能源、区域、经济等自然科学和社会科学，是一项庞大的系统工程。

二是构建以流域水循环调控为基础的风光水能互补开发技术体系。基于流域内风能、太阳能、水能资源状况，以流域水循环调控工程体系建设为主线，融合系统工程、大数据、人工智能、物联网等系统优化技术，研发水资源综合利用、风光水能互补优化开发、智能电网、虚拟电厂等关键技术，构建风、光、水等资源利用—可再生发电—终端用能优化匹配技术体系，推动流域"风光水一体化"的清洁能源基地建设。

重要意义

依托青藏高原独特的自然环境，突破优化风光水能互补开发技术，对于贯彻新发展理念，以流域水循环推动双循环，构建流域新发展格局，实现高质量发展具有重要意义。

一是建设"亚洲水塔"形成水资源综合利用体系。青藏高原水资源综合开发工程体系的建设，给"水塔"装上调节径流丰枯变化的"开关"，优化水资源配置，满足生产、生活、生态对水资源的综合需求，惠及我国及下游国家约 30 亿人口。

二是加快实现"碳达峰""碳中和"。我国流域水电基地基本形成，短平快建设风电、光电"插接"到水电基地，就形成了风光水能互补的清洁能源基地，充分发挥有为政府和高效市场优势，利用坚强电网将清洁电力送到千家万户。

三是助力青藏高原生态屏障建设。实践和研究表明，风电、光电具有遮阴、降低风速、减少水分蒸发等作用，有利于生态修复。水库具有"冷湖效应"、湿地作用，能够增加周边湿度和降水，改善陆生环境。而且在青藏高原梯级水电站形成的"河—湖"系统，可改善水生生境，同时顺应了河流自然阶梯化过程，起到了与黄土高原"淤地坝""梯田"保持水土和稳定山体相类似的作用。

经初步估算，黄河上游、大渡河、雅砻江、金沙江、澜沧江、怒江、雅鲁藏布江等主要流域，在风光水能互补开发完成后，可形成"亚洲水塔"约 1000 亿立方米（龙头水库）、清洁能源基地约 20 亿千瓦、生态屏障约 10 万平方千米。因此，加快推动风光水能互补开发，可以筑牢水资源、能源、生态安全底线。

28

如何攻克漂浮式海上风电关键技术研发与工程示范难题

中文题目	如何攻克漂浮式海上风电关键技术研发与工程示范难题
英文题目	How to Research and Develop the Key Technologies and Engineering Demonstration of Floating Offshore Wind Power?
所属类型	产业技术问题
所属领域	海洋装备
所属学科	能源科学技术
作者信息	范晓旭　龙源电力集团股份有限公司
	迟洪明　龙源（北京）风电工程设计咨询有限公司
	周全智　龙源（北京）风电工程设计咨询有限公司
	曹淑刚　龙源（北京）风电工程设计咨询有限公司
	姚兴隆　龙源（北京）风电工程设计咨询有限公司
推荐学会	中国能源研究会
学会秘书	宋文洋
中文关键词	海上风电；半潜式基础；漂浮式风电机组；动态海缆；水池实验
英文关键词	Offshore Wind Power；Semi–Submersible Foundation；

Floating Wind Turbine；Dynamic Submarine Cable；
Water–Tank Experiment

推荐专家 史玉波　中国能源研究会理事长
田晓清　华能清洁能源技术经济研究院原副院长
郑声安　中国水电水利规划设计总院院长
张云洲　国网能源研究院院长
夏　清　清华大学电机系学位委员会主席、教授

专家推荐词

该问题解决后，将解决我国深远海海上风电开发技术难题，具备深海海上风电开发能力，掌握半潜型漂浮式海上风电的设计、建造技术，填补我国无漂浮式海上风电样机的空白，引领我国海上风电开发迈入深海。

问题描述

（1）发展深海漂浮式海上风电技术符合国家产业发展要求。国家发改委、国家能源局、国家海洋局、工信部等在深海漂浮式海上风电技术研发方面一直以来积极倡导并提供各种支持。

（2）深海风能资源丰富，且深远海浮式风电对于近海养殖、旅游、航运等的影响远远小于近海风电，发展深海漂浮式海上风电已成为行业共识。

（3）我国近海风电资源已被瓜分殆尽，尽快开展深海漂浮式海上风电技术研发与样机示范，有利于在深远海海上风电资源竞争中占据优势。

问题背景

我国海上风电已进入大规模发展阶段，然而目前其开发能力还仅局限

于近海浅水海域，随着开发进程的加快及技术革新，海上风电走向深海是行业发展的必然。深海风能储量丰富，深远海漂浮式海上风电技术研发与应用市场广阔，以中国为例，中国深远海海上风能储量大约是近海风能储量的 1.7 倍，中国水深超过 50 米的海域蕴藏的风能储量超过了 1268GW，在整个海上风能储量的占比超过 60%，若放到全球来看这个比例将更大，欧洲和日本更是达到了 80%。并且深远海漂浮式海上风电对于近海养殖、旅游、航运等的影响将远远小于近海风电，后期风电场退役时，漂浮式海上风电的拆除成本也更低。总之，海上风电走向深海已成为行业共识，目前，欧洲、美国、日本、韩国等都在纷纷规划深远海海上风电场，漂浮式海上风电技术在国内国际市场中前景广阔。

最新进展

在海上浮式风机的开发上，英国、挪威、丹麦、德国、日本等国家走在前列。据不完全统计，国外已有 10 余种海上浮式风机概念进行了样机测试，包括 Statoil Hywind Demo（2.3MW，SPAR 型风机）、Principle Power WindFloat（2MW，半潜）、IdeolFloatgen（2MW，半潜）、Fukushima FORWARD（7MW，半潜）、Fukushima HAMAKAZE（5MW，SPAR）等。其中 Hywind 概念已经成功商业化。2017 年 10 月，位于英国苏格兰北海岸的全球首座漂浮式海上风电场正式投产运营。该风电场采 Hywind SPAR 型浮式风机概念，总装机容量 30MW，共 5 台，场址水深范围 96～110 米。

国内在海上浮式风机的开发进展上落后于国外。2013 年，国家 "863" 计划启动了两个漂浮式风电项目研发，湘电风能承担了 "基于钢筋混凝土结构的海上风电机组局部浮力基础研制"，金风科技承担了 "浮筒或半潜平台式海上风电机组浮动基础关键技术研究及应用示范"，但两个项目均

未得到工程示范应用，未通过科技部验收。2016 年，上海市启动了在东海海域安装浮式风机项目的可行性研究工作，最新计划于 2021 年底前完成两台在水深 40 余米海域的漂浮式风电机组基础的建设工作，与 300MW 常规固定式基础海上风电工程同步并网。2018 年，中国船舶重工集团海装风电股份有限公司获批了国家工业和信息化部高技术船舶科研项目"海上浮式风电装备研制"。2018 年，三峡集团获得了广东省支持的"浮式海上风电平台全耦合动态分析及其装置研发"项目，依托三峡广东阳江项目，采用明阳智能提供的风电机组，预计 2021 年完成样机的研制与安装。截至目前国内还未有自主成熟的浮式风机方案。

综上所述，无论是国内国外，漂浮式海上风电已引起了各大企业和研究机构的强烈关注，并且在漂浮式海上风电基础、海上风电样机示范方面都已取得了一定的研究成果。虽然漂浮式海上风电技术目前仍主要掌握在欧美国家手中，但漂浮式海上风电技术研发和示范研究已成为行业发展的趋势和必然。

重要意义

开展深海漂浮式海上风电技术研发与样机示范项目探索，有利于我国掌握技术制高点，在深远海海上风能资源竞争中占据优势，有利于储备研发力量，为将来大规模开发深远海资源奠定基础，同时，也为"一带一路"倡议和"走出去"战略打下基础的良好契机。

29

如何制备高洁净高均质超细晶高端轴承钢材料

中文题目	如何制备高洁净高均质超细晶高端轴承钢材料
英文题目	How to Prepare High Cleanliness, High Homogeneity, Ultra-Fine Grain, Top Bearing Steel
所属类型	产业技术问题
所属领域	新材料
所属学科	钢铁冶金
作者信息	钟云波　上海大学
推荐学会	中国金属学会
学会秘书	丁　波
中文关键词	高端轴承钢；高洁净；高均质；基体/碳化物双细化
英文关键词	Top Bearing Steel；High Cleanliness；High Homogeneity；Matrix/Carbides Double Refinement
推荐专家	韩国瑞　中冶集团首席专家、教授级高工
	李　晶　北京科技大学钢铁冶金新技术国家重点实验室副主任、教授

专家推荐词

该技术突破后,有利于提高我国轴承钢在材料制备中洁净度、均质性和组织细化控制、服役性能评价等多方面水平,切实解决关键轴承严重依赖进口的"卡脖子"问题,保障我国国防、航空、航天、高速轨道交通、能源等关键领域轴承的自主可控制造。

问题描述

轴承钢被公认为是对材料质量要求最高的钢种,号称"钢中之王"。高端轴承主要包括航空发动机轴承、海工装备轴承、汽车轴承、医疗器械轴承、高速列车轴承、盾构机轴承、高档数控机床与机器人轴承、风电轴承等,属于重要的战略物资。但目前,我国此类轴承大量甚至完全依赖进口,且受制于人,属于"卡脖子"瓶颈难题。另外,国产轴承的服役寿命和可靠性,与国外先进水平相比差距巨大,进口轴承的价格也是数倍甚至数十倍于国产轴承。轴承的服役水平和可靠性严重依赖轴承钢材料的性能,而轴承钢材料性能的关键则主要受限于轴承钢材料的冶金技术,即熔炼及精炼技术、凝固成型技术、宏微观组织控制技术等。

我国轴承钢材料与国外的差距主要集中在三个方面。首先是洁净度低。目前国际上应用量最大的代表性轴承钢为 GCr15 系列,此类轴承钢的控制关键指标为全氧含量、Ti 含量、夹杂物类型、尺寸、数量等。其次是均质性差。轴承钢均质性差突出表现为成分偏析严重,碳化物呈网状、团簇分布等,导致性能波动大,甚至产生较大内部残余应力。上述多种原因耦合导致轴承极易产生早期失效。最后是材料组织粗大,导致轴承钢的强韧性不足,耐磨性差,这也是高端轴承自主化制造能力弱的另一个重要原因。特别是航空用 M50 轴承钢,由于合金含量和碳含量高,其液析碳化物问题尤为显著，通过后续锻造与热处理很难细化。另外从产学研角度而言，国外著名轴承制造企业包括瑞典 SKF、德国 FAG、美国 TIMKEN、日本 NSK 等，均属于"百年老店"，标准体系完备，研发力量强大，而且有著名院校支撑。国内企业数据积累不足，制造过程标准体系不健全，研发力量薄弱。特别是，行业院所转制后成为科研型生产企业，自顾不暇，难以对行业形成支撑。

问题背景

实现轴承钢的高洁净、高均质以及组织细化对其服役性能的提高意义重大，是国内外材料冶金学家研究的热点领域。目前，采用 VIM、ESR 和 VAR 等冶炼技术以及先进的精炼和连铸技术，国外轴承钢中含氧量已降低至 5ppm，甚至可达 3ppm，使轴承钢的疲劳寿命大幅度提高，但工艺高度保密。我国轴承钢的氧含量平均水平可达 8 ~ 10ppm，最好可到 5ppm 以下，但工艺稳定性差。另外，离散大尺寸夹杂物（> 20μm）对轴承寿命影响巨大，采用电渣重熔等能解决这一问题，但当电渣锭直径增大时，离散大尺寸夹杂物问题仍将凸显，国内也尚未掌握钙处理软化夹杂物技术。连铸中电磁搅拌技术的应用能在一定程度上提升轴承钢材料的均质性，但仍然无法实现高洁净度、超细化的连铸坯材制备。而对于高碳高合金的轴承钢而言，其基体组织和碳化物的细化也很重要，提高冷却速度能取得一定的效果，但当连铸坯、钢锭或者电渣锭尺寸增加时，碳化物仍然粗大。采用高均匀化温度以及后续锻造、热处理，也很难细化液析碳化物。为解决轴承钢的冶金质量问题，目前采用的手段已趋极限，迫切需要开发出全新的高洁净、高均质、超细晶和超细碳化物的轴承钢母材制备技术。

最新进展

上海大学近年来围绕特殊钢、轴承钢、工模具钢以及高温合金、难混溶合金、铜及其合金的凝固组织控制，采用交变、直流电流复合强磁场作用形成电磁振荡效应，对上述金属及合金体系的铸坯和连铸坯的凝固枝晶细化和等轴晶化，起到了非常好的促进作用。提出在传统电渣重熔的过程中外加多模式静磁场，发现复合具有特征分布的多模式静磁场能够显著地强化电渣重熔过程的除杂作用，并且能够减轻电渣锭宏观偏析，实现凝固枝晶组织以及液析碳化物的细化。而围绕高性能轴承钢母材的制备全流程，拟提出轴承钢电磁高效精炼技术、轴承钢连铸坯洁净度及凝固组织新型控制技术、轴承钢磁控电渣重熔技术、轴承钢磁控电弧重熔技术等，以期实现轴承钢材料母材高洁净、高均质以及基体组织和碳化物的双细化的全流程制备路径。为达到此目的，问题未来面临的关键难点在于：①上述技术中，多模式静磁场、交变磁场单独或者复合作用对夹杂物演变、熔体均匀化、枝晶生长和液析碳化物析出的控制机制；②多模式磁场对电渣 / 电弧重熔熔化过程、凝固过程和传输过程的强化机理；③上述全流程制备技术的关联性和最佳磁场参数。通过上述基础问题的解决，有望获得轴承钢母材制备新技术路径，对提升轴承钢材料的洁净度、均质性以及基体组织和碳化物的双细化，最终提升轴承钢的服役性能，具有重要的现实意义。

重要意义

轴承是机械传动轴的支承，是工业领域重大装备和军工武器装备等核心零部件之一，直接或间接影响着数万亿元规模的经济总量。高精密、高可靠性的金属基高端轴承，对国民经济和国防安全具有战略意义，代表一个国家高端制造的整体水平。按服役特征，高端轴承基本可以分为低速重载大型轴承、高速高精密轴承、高速/高温高可靠性轴承三大类。这三类轴承的典型代表为大型盾构机主轴承、高档机床主轴轴承、航空发动机主轴承。这些高端轴承属于重要的战略物资，而轴承产业也是国家基础性、战略性产业。目前，我国 5m 以上直径盾构机主轴承、高铁轴承、高档数控机床主轴承以及三代机以来的航空发动机主轴承、高铁轴承等大量甚至完全依赖进口，受制于人。

我国轴承制造目前面临的主要瓶颈问题在于轴承钢材料制备水平低下，洁净度、组织控制、服役评价等远低于国外水平。关键轴承一直依赖进口，将对我国的中长期发展规划战略的实现、制造业强国战略的实施产生巨大的阻碍，也将严重影响到国防、航空、航天、高速轨道交通、运输、能源、智能制造等众多领域。因此，开展高性能轴承钢母材的全新全流程制造技术研究，解决我国轴承钢材料自主可控制造的"卡脖子"问题，具有重要的现实和战略意义。

30

如何发展与5G/6G融合的卫星互联网络通信技术

中文题目	如何发展与 5G/6G 融合的卫星互联网络通信技术
英文题目	How to Develop Satellite Internet Communication Technology Integrated with 5G/6G
所属类型	产业技术问题
所属领域	航空航天
所属学科	航空、航天科学技术
作者信息	黄普明　中国空间技术研究院
	郑　重　中国空间技术研究院
	张　伟　中国空间技术研究院
推荐学会	中国宇航学会
学会秘书	杨振荣　郑伯龙
中文关键词	卫星通信；5G 网络；网络融合；网络架构
英文关键词	Satellite Communications；5G Network；Network Integration；Network Architecture
推荐专家	包为民　中国科学院院士
	刘永才　中国工程院院士

吴伟仁　中国工程院院士

李　明　中国空间技术研究院科技委主任

专家推荐词

天地一体卫星互联网是航天强国、网络强国的重要发展方向，对国家安全和经济发展具有重要战略意义。随着我国地面移动通信 5G 网络技术的快速发展，卫星通信与 5G 应走向融合，未来形成天地一体、无缝覆盖的 6G 新型网络。与 5G/6G 融合的卫星互联网将进一步拉动我国卫星通信产业与地面信息网络产业的融合发展，成为新的经济增长点，带来更大规模的经济和社会效益。

问题描述

国家"十四五"战略规划明确提出将建设高速泛在、天地一体、集成互联、安全高效的信息基础设施作为未来 5 年的重点发展方向之一。就目前现状而言，一方面，地面 5G 网络受地理限制，难以保证对偏远地区的覆盖，需要借助卫星网络实现真正的无缝覆盖；另一方面，我国卫星系统受限于境外建站，境外信息无法直接回传，需大力发展星间组网，实现全球通信。因此，构建高低轨协同、天地一体、与 5G 等地面网络融合的卫星互联网是贯彻国家"十四五"发展目标，打造全球覆盖、高效运行的一体化通信网络的必由之路。

围绕高低轨协同、与 5G/6G 融合的卫星互联网建设，需重点攻克以下技术难题：

天地一体网络架构方面，卫星通信与地面移动通信系统应由浅入深、分步骤分阶段融合，融合发展途径的最顶层由网络架构来体现。需特别关注卫星在融合网络中的功能定位、卫星与地面网络融合的耦合程度，特别是低轨星座与地面 5G/6G 融合的网络架构设计等问题。

卫星与 5G 通信技术融合方面，5G 引入了网络切片、SDN/NFV、Massive MINO、先进调制编码、移动边缘计算等先进技术，这些技术也将对卫星通信产生深远影响，提升卫星通信效能，降低卫星通信成本。这些技术在卫星通信系统的应用对卫星平台的承载能力、平台的自主智能化能力、星载处理能力、毫米波相控阵天线等载荷技术都提出了新的要求，需要结合星地链路与网络环境差异，发展轻量级的星载 5G 技术。

融合网络标准化方面，需聚焦卫星通信与 5G/6G 地面移动通信融合的技术问题，开展与 3GPP 等地面移动通信标准化组织统筹推进的天地一体融合通信标准体系研究，设计与 5G/6G 融合的卫星标准体系，推进我国卫星标准化的发展与国际卫星通信领域话语权。

问题背景

1G—4G 时代，卫星通信与地面移动通信呈相对独立的发展态势，由于卫星具有覆盖范围广、覆盖波束大、组网灵活和通信不受地理环境限制等优点，可有力补充地面移动通信的不足，因此在研究 5G 乃至 6G 时，目前业界较为普遍的观点是卫星通信与地面移动通信不应再相对独立发展，在 5G 阶段应开始走向融合，在 6G 阶段应形成天地一体、无缝覆盖的新型网络。卫星与 5G 的融合也有助于借助快速发展的地面网络产业，吸纳 5G 先进的技术与设计思想，带动卫星产业做大做强，推动统一体制协议的发展与统一基带芯片的设计开发。卫星与地面移动通信网络的充分融合、优势互补，将为未来通信发展带来新的机遇。在卫星通信网络发展方面，低轨巨型星座成为建设热点，将逐步形成与高轨道卫星（GEO）协同运行的空间系统。目前，国际主要的通信及卫星产业巨头都在大规模投资天地融合的卫星网络项目，争夺新一轮竞争高地，抢占空间战略资源，发展高低轨联合组网 5G/6G 融合的星地一体化网络刻不容缓。

最新进展

在与 5G 融合的卫星网络标准化方面，相关标准化工作正在稳步推进。国际电信联盟（International Telecommunication Union, ITU）先后提出了 ITU-RM.2176-1、ITU-RM.2047-0、ITU-R M.2083、ITU-R M.2460 等一系列报告与建议书，制定了卫星无线接口的要求与详细指标，定义了卫星与下一代通信技术结合需具备的核心能力，包括多播支持、智能路由支持等，并提出了融合网络中继到站、小区回传等四种典型应用场景。3Gpp 在 TS38.811 中明提出了非地面网络（Non-Terrestrial Networks,NTN），并在后续的 R16 研究中相继分析了卫星对 5G 架构的影响以及 NTN 对 5G 物理层的影响，探讨了支持卫星接入的 5G 网络的典型应用场景与需求。在当前 R17 的标准化工作中共有 3 个 NTN 项目，分别讨论面向弯管卫星通信的 5G 无线空口标准规范、卫星接入对 5G 系统架构的影响及窄带物联网（Narrow Band Internet of Things, NB-IoT）系统在卫星通信下的标准化影响。

在工程实践方面，商业公司参与卫星 5G 融合的热情高涨，各类卫星通信产业参与者快速发展，地面移动通信厂商也有向卫星通信进军的趋势。2019 年，韩国 KT Sat 公司成功进行了全球首次通过卫星的 5G 数据传输；2020 年，吉莱特公司利用 5G 蜂窝回程解决方案成功开展了 5G 通信演示，联发科与国际海事卫星组织开展了 5G 卫星物联网数据连接测试。

在预先项目研究方面，SaT5G 项目则完成了基于 Pre-5G 测试平台的卫星与 3Gpp 架构的融合、通过模拟 GEO 卫星链路连接飞机内部和外部地面数据网络等一系列演示，验证了卫星在提供蜂窝基站回程、向网络边缘传递内容等方面的优势。SANSA 项目提出了卫星 5G 融合、自组织地面网络及动态频谱共享等关键特性，并对低开销天线波束成形方案、智能动态无线资源管理等 6 项关键技术开展了深入的研究。欧洲航天局（ESA）牵头的 ALIX 项目也在积极参与 3GPP 标准化过程，以定义 5G 卫星组件及其与其他网络的接口。

重要意义

按照 IMT-2020（5G）推进组《5G 经济社会影响白皮书》的预测，5G 地面移动通信系统将在 2030 年带来 10.6 万亿元总产出和 1150 万个就业机会。而目前，我国卫星通信产业的发展尚不成熟，很多新兴应用和市场尚未拓展，经过初步经济分析，初步进行探索的"鸿雁""虹云"等卫星互联网星座系统的建设将拉动上千亿元的产业规模。未来的 6G 系统将是天地一体化的信息网络，将进一步拉动我国卫星通信产业与地面信息网络产业的融合发展，成为新的经济增长点，带来更大规模的经济和社会效益。

与 5G 融合的卫星网络关键技术的研究储备，能够促进相关科学技术发展，直接推动我国航天、地面相关技术的进步，有效提高我国卫星及有效载荷的设计、试验验证、制造与地面支持系统的发展水平，提升天地一体化综合的数据处理和应用技术水平。同时，可促进我国与国际卫星通信标准体系的有机衔接与协同发展，服务网络强国、制造强国、军民融合等重大战略。

在大国太空竞争背景下，构建高低轨协同、天地一体、与 5G 等地面网络融合的卫星互联网将直接关系到一个国家的产业安全和国家安全，相关技术的攻关能够打破跟随国外技术的局面，成为国际相关标准的制定者和领跑者，有利于构建自主可控网络空间国防体系。实现我国互联网发展由"消费型"向"生产型"转变，通过构建面向天地一体化信息网络的新型网络架构，保障大规模"生产型"互联需求，将为我国实现从制造大国向制造强国迈进的战略举措提供有力支撑。